额尔古纳河流域
基础地质与生态地质环境遥感调查

E'ERGUNA HE LIUYU JICHU DIZHI YU SHENGTAI DIZHI HUANJING YAOGAN DIAOCHA

支瑞荣　刘德卫　孟　昆　刘　猛　李纪娜
赵延华　马泽斌　李　战　尹琳娅　　　　　著

中国地质大学出版社
ZHONGGUO DIZHI DAXUE CHUBANSHE

图书在版编目(CIP)数据

额尔古纳河流域基础地质与生态地质环境遥感调查/支瑞荣等著. —武汉:中国地质大学出版社,2022.5
ISBN 978-7-5625-5334-2

Ⅰ.①额… Ⅱ.①支… Ⅲ.①额尔古纳河-流域-地质特征 ②额尔古纳河-流域-生态环境-地质环境-遥感地面调查 Ⅳ.①P562.26

中国版本图书馆 CIP 数据核字(2022)第 119037 号

额尔古纳河流域基础地质与生态地质环境遥感调查	支瑞荣 刘德卫 等著

责任编辑:张　林	选题策划:张　林	责任校对:杜筱娜

出版发行:中国地质大学出版社(武汉市洪山区鲁磨路388号)	邮编:430074
电　　话:(027)67883511　　　　传　　真:(027)67883580	E-mail:cbb@cug.edu.cn
经　　销:全国新华书店	http://cugp.cug.edu.cn
开本:787毫米×1092毫米　1/16	字数:352千字　印张:13.75
版次:2022年5月第1版	印次:2022年5月第1次印刷
印刷:武汉邮科印务有限公司	

ISBN 978-7-5625-5334-2　　　　　　　　　　　　　　　　　　　　　　　　　定价:88.00元

如有印装质量问题请与印刷厂联系调换

前 言

额尔古纳河流域位于呼伦贝尔草原北麓,那里有我国目前保存较完好的草原、湿地、森林和湖泊。广阔的水面、湿地、林地及草地滋润着广袤的呼伦贝尔草原和大兴安岭山地,调节着流域内气候,对草原及森林生态环境有着极大的影响,对维护呼伦贝尔草原和大兴安岭原始森林的生态平衡、生物多样性以及区域可持续发展具有举足轻重的作用。额尔古纳河流域生态地质环境变化对整个呼伦贝尔地区及大兴安岭生态环境产生深远影响,至此,了解额尔古纳河流域基础地质环境、生态地质环境状况和发展变化特征显得尤为重要。

本书基于东北边境额尔古纳河基础地质遥感调查和黄河流域基础地质环境遥感调查与监测成果编写。作者采用数据统计分析、基础地质特征分析、生态地质环境变化规律分析、生态地质环境综合分析研究等方法,系统开展额尔古纳河流域内三期不同时期遥感影像数据的1:25万成土母质,地形地貌,土壤类型,林地、草地、湿地(简称林草湿),荒漠化和人类活动等专题因子现状与动态变化遥感调查,并开展重点区1:5万基础地质、工程地质、水文地质、地形地貌、土地覆被、河道变迁、地质灾害等专题因子分布现状和动态变化遥感调查,分析流域内生态地质环境状况和动态变化规律以及重点区的基础地质和河道变迁情况。通过此次工作,研究创建了一套以多源多时相遥感技术为主导,以技术要求为规范,以基础地质、地形地貌、土壤类型为基础,以生态地质环境因子变化为前提,服务于该流域生态地质环境的综合分析研究方法。首次获取了影响流域的基础地质数据和影响生态地质环境因子的遥感监测数据,总结了流域内林草湿、荒漠化、人类活动的变化规律,获取了重点区域内的基础地质、工程地质、地形地貌、土地覆被、地质灾害、交通信息数据和额尔古纳河动态变化数据,为额尔古纳河流域地区制订国土空间规划、开发管理国土资源和保护研究生态地质环境提供了翔实的基础数据支持,并为生态地质环境管护和治理提供了科学依据。

本书第一章由支瑞荣编写;第二章第一节由支瑞荣编写,第二节由刘德卫、孟昆、李战编写,第三节由刘德卫、刘猛、孟昆编写;第三章第一节由刘德卫、孟昆、刘猛编写,第二节由刘德卫、李战编写,第三节由支瑞荣、赵延华编写,第四节由刘德卫、支瑞荣、赵延华编写,第五节由支瑞荣、刘德卫编写,第六节由刘猛、刘德卫编写;第四章第一节、第二节由刘猛编写,第三节由刘德卫、马泽斌编写,第四节由孟昆编写,第五节由刘德卫编写;第五章第一节由刘猛、孟昆编写,第二节由孟昆、刘猛编写,第三节由支瑞荣、马泽斌编写;第六章第一节由支瑞荣、刘德卫编写,第二节、第三节由支瑞荣编写,第四节由支瑞荣、刘德卫、李纪娜编写,第五节由支瑞荣、刘德卫、李纪娜、尹琳娅、李战编写;第七章由孟昆、刘德卫、支瑞荣、刘猛编写;本书汇总工作由支瑞荣、刘德卫、刘猛、孟昆完成。

本书在写作过程中得到了中国地质调查局自然资源航空物探遥感中心、吉林大学、中国地质大学(武汉)等单位的通力协作和陈伟涛教授、李元华教授的技术指导,在此一并表示衷心的感谢。

由于额尔古纳河流域基础地质与生态地质环境遥感调查工作的开展时间较短,一些分析研究还不够透彻,不少问题还有待进一步探讨,书中不妥之处恳请读者指正。

著 者

2022 年 1 月

目 录

第一章 绪 论 (1)
  第一节 自然地理 (1)
  第二节 气候特征 (2)
  第三节 地质概况 (2)

第二章 调查研究思路与技术方法 (3)
  第一节 调查研究思路 (3)
  第二节 研究方法和技术路线 (3)
  第三节 流域生态地质环境遥感调查的技术方法 (5)

第三章 流域生态地质条件调查 (34)
  第一节 社会概况 (34)
  第二节 流域气候变化特征 (35)
  第三节 地貌特征 (40)
  第四节 成土母质 (45)
  第五节 土壤特征 (51)
  第六节 河流与水系特征 (55)

第四章 流域生态地质环境现状及变化特征 (59)
  第一节 林地分布现状及变化特征 (59)
  第二节 草地分布现状及变化特征 (63)
  第三节 湿地分布现状及变化特征 (69)
  第四节 荒漠化分布现状及演化规律 (76)
  第五节 人类活动占地分布现状及变化特征 (84)

第五章 流域生态地质环境变化主导因素分析 (89)
  第一节 自然因素 (89)
  第二节 人为因素 (90)
  第三节 政策因素 (91)

第六章 流域重点区基础地质遥感调查 (93)
  第一节 概 述 (93)
  第二节 工作方法及技术要求 (98)
  第三节 技术要求及执行标准 (115)
  第四节 遥感解译标志 (120)
  第五节 重点区基础地质资源遥感综合调查与监测 (138)

第七章 结 论 (208)

主要参考文献 (213)

第一章 绪 论

第一节 自然地理

工作区位于呼伦贝尔市西部内蒙古高原东北部,北部与南部被大兴安岭南北直贯境内。东部为大兴安岭东麓,东北平原—松嫩平原边缘。在行政区划上隶属于呼伦贝尔市海拉尔区、牙克石市、满洲里市、额尔古纳市、根河市、陈巴尔虎旗、鄂温克族自治旗和新巴尔虎左旗及新巴尔虎右旗。工作区面积约 15.5 万 km^2(图 1-1)。地形总体特点为:东北高西南低。地势分布呈由东北到西南缓慢过渡。区内额尔古纳湿地是中国目前保持原状态较完好、面积较大的湿地,也被誉为"亚洲第一湿地"。额尔古纳河流域内河网密布,水资源丰富。流域右岸内的一级支流主要有海拉尔河、根河、激流河及得耳布尔河,均发源于大兴安岭山脉,汇入额尔古纳河,最终在恩和哈达与石勒喀河汇合流入黑龙江。贝尔湖湖水经乌尔逊河汇入呼伦湖。现达兰鄂罗木河处于季节性断流状态。呼伦湖目前已成为内陆湖。2010 年,"引河济湖"工程实施,每年丰水期从海拉尔河引水入湖维持呼伦湖水位。因此,额尔古纳河流量及水质主要受到海拉尔河、根河、得耳布尔河及激流河等几大支流的影响。

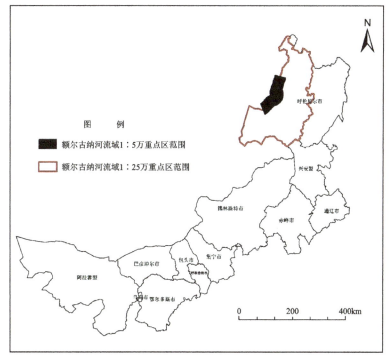

图 1-1 额尔古纳河流域位置示意图

根据监测数据,额尔古纳河水位大致分为5个时期,即春汛期、春季枯水期、洪水期、秋季枯水期和封冻期,年内畅流期5~10个月。通航期平均169d,常年水位变幅为2~3m。流域河流为少沙河流,平均含沙量为0.05kg/m³,年平均输沙量为380t,泥沙输移方式以推移为主。

土壤类型主要有森林草原黑钙土、草甸草原暗栗钙土、草原淡栗钙土、荒漠化草原暗棕钙土、草原化荒漠淡棕钙土、荒漠漠钙土。

区内地形东北高西南低,中部南高北低,由东北部的大兴安岭山地过渡到呼伦贝尔高原。最高峰位于阿拉齐山,海拔1421m,最低点位于恩和哈达河口,海拔312m,平均海拔650m。山地和平原两种地貌单元呈相互穿插状交替出现,丘陵是区内地貌主体,沟谷和河谷、平原呈枝状、网状散布其间。这一地势特征使区内河流顺应其地形趋势,由东部和中部向北、西、南三面分流。额尔古纳河流域现代地形地貌,主要是在华力西运动期形成的,燕山运动中又得到了加强,挽近期的新构造运动也有一定体现。

第二节 气候特征

额尔古纳河流域总的气候特点是冬季寒冷漫长,降水少;春季温度回升剧烈,大风天多,降水量少;夏季短暂,温暖,雨量充沛;秋季降温快,初霜早。北部与南部气候差异较大,热量不足,无霜期短,平均81~91d,光照充足,日照时数多,太阳总辐射量大。

气候属中温带大陆性季风气候,春季风大低温,夏季温和多雨,秋季晴朗早凉,冬季严寒。多年平均最大风速随纬度升高而减小。上游多西南风和西风,其余大部分地区盛行西北风和西风。多年平均风速上游为3m/s左右,中下游为2m/s左右,极端最大风速可达20m/s以上。

额尔古纳河流域年平均气温为-4.1~3.4℃,从南向北年平均气温呈下降趋势,由东向西逐渐升高。从各月平均气温看,4月至10月平均气温高于0℃,其中7月平均气温最高,为21℃,其次为6月和8月,平均气温分别为18.7℃和18.6℃;11月至次年3月平均气温均低于0℃,其中1月平均气温最低,为-27.5℃,其次为2月和12月,平均气温分别为-21.2℃和-22.4℃。

额尔古纳河流域年平均降水量为327.6mm,年平均降水量自南向北递增,由东向西递减,年内降水分布不均。6月至7月降水量占全年降水量的65%以上,最大月均降水量达125mm,冬季降水量较少,仅占全年降水量的4.95%。

第三节 地质概况

额尔古纳河流域的地质构造属于天山-蒙古-兴安古生代地槽褶皱区,包括内蒙-兴安古生代地槽褶皱系和大兴安岭中生代隆起带两个二级构造单元,其中内蒙-兴安古生代地槽褶皱系又分为额尔古纳兴凯地槽褶皱带、东乌珠穆沁早华力西地槽褶皱带和喜桂图中华力西地槽褶皱带3个三级构造单元。

流域地层出露比较齐全,岩浆岩较为发育,超基性、基性、中性、酸性岩均有。流域内侵入岩主要出露于大兴安岭和额尔古纳河一带,主要为元古宙、加里东期、华力西期和燕山期侵入岩体,其中以华力西期和燕山期的酸性岩分布最广,岩体规模较大。

第二章　调查研究思路与技术方法

第一节　调查研究思路

额尔古纳河流域生态地质环境是有着多因子且多因子彼此之间有着成因联系的综合系统，不同的因子有着不同的研究方法。本次调查研究是在遵循各因子学科研究方法的基础上，以遥感技术作为主要技术手段，集成应用3S技术，快速查明额尔古纳河流域生态地质环境现状，并结合历史遥感影像，快速查明生态地质环境主要因子的动态变化趋势。在交通不便、地域辽阔、气候寒冷的额尔古纳河流域，遥感技术的应用使调查研究成果得以快速、高效地实现。通过对20世纪70年代左右至21世纪初的额尔古纳河流域不同比例尺成土母质、土壤类型、地形地貌、林草湿、土地荒漠化和人类活动等生态地质环境主要因子的现状和动态变化进行监测，最终查明了额尔古纳河流域区域地质、生态地质环境各因子的本底数据，掌握流域内各因子分布现状和其动态变化特征及与气候变化的联系，为额尔古纳河流域地区制订国土空间规划和生态地质环境保护研究方案提供基础数据。

第二节　研究方法和技术路线

根据总体目标和工作内容以及以往工作经验，在额尔古纳河流域生态地质环境遥感调查工作中，针对不同的调查精度采用不同的遥感影像数据，以ENVI为图像处理软件，ArcGIS为专题因子遥感解译提取的软件平台。此次调查以遥感解译为主，以实地核查为辅，从宏观到微观，从区域性1∶25万比例尺(以下简称1∶25万)到重点区1∶5万比例尺(以下简称1∶5万)，逐步深化，以室内综合研究与实地调查相结合的技术路线完成工作任务。

一、研究方法

本研究选择1∶25万和1∶5万两种比例尺相结合的方式，采用人机交互式解译、计算机自动分类、综合分析研究、野外地质调查等方法开展调查与监测。其中，额尔古纳河流域以1∶25万调查为主，主要采用20世纪70年代的Landsat MSS、2000年左右的Landsat ETM＋、2016年的Landsat8 OLI三期遥感影像数据为信息源，开展成土母质、地形地貌、土壤类型、林草湿、荒漠化和人类活动等专题因子遥感调查与监测。重点区以1∶5万为主，主要采用20世纪60年代锁眼卫星，2000年资源三号卫星(ZY-3)，2016年ZY-3、资源一号(ZY-1)02C卫星、高分一号卫星(GF-1)及高分二号卫星(GF-2)三期遥感影像为数据源，开展基础地质、工程地质、水文地质、地形地貌、土地覆被、地质灾害、矿产开发和额尔古纳河变迁等专题的遥感调查与监测。在此基础上进行综合分析,基于地质背景和生态地质环境影响因子,包括林草湿变化、荒漠化、人类活动等因素共同作用下现状和动态变化特征,分析区域生态地质环境与气候的变化关系及影响因素。

依据流域1:25万遥感调查得到的成土母质、地形地貌、土壤类型、林草湿、荒漠化和人类活动等(图2-1)生态地质环境因子的现状特征与变化成果,结合年平均降水量、年平均温度、年平均蒸发量等气象环境因子数据和相关的水文地质资料开展区内存在的生态地质环境问题研究,分析流域内生态地质环境变化主导因素,为流域内国土空间规划(建设)服务。主要研究内容如下:①研究区内成土母质、地形地貌和土壤类型分布特征及其对上部植被类型影响;②研究区内林地、草地、湿地、地表水、荒漠化特征及其变化规律;③研究区内人类活动对生态地质环境的影响;④研究区内自然因素对各个变化因子的影响。

基于上述4个方面的研究成果,进一步研究区内存在的生态地质环境问题,重点解决生态地质环境现状及变化之间的内在联系,人类活动对生态地质环境变化的影响,并进行主导因素分析。

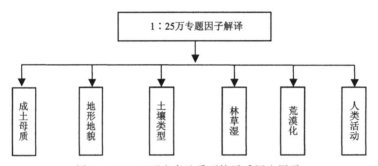

图 2-1　1:25万生态地质环境遥感调查因子

选择重点区主要是为了查清额尔古纳河两岸的基础地质特征、工程地质岩土体特征、地下水含水岩组特征、地貌特征、土地覆盖类型、额尔古纳河河道变迁、岛屿沙洲冲淤分布与变化情况、地质灾害和矿产开发状况,为该地区生态地质环境、国土空间规划和国土资源开发管理提供翔实的基础数据支持(图2-2)。

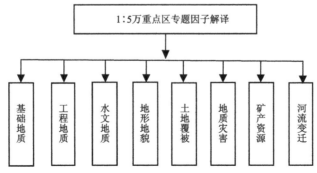

图 2-2　1:5万生态地质环境遥感调查因子

二、技术路线

（1）收集额尔古纳河流域区域地质、水文地质、地形地貌、工程地质、土地利用类型、土壤类型、环境地质、自然地理、遥感影像、气象、生态环境和社会经济发展等相关资料以及相关调查监测等成果资料。总结 1975—2016 年气象因子的变化规律、社会发展（包括人口）状况和主要生态地质环境问题。

（2）通过对收集的额尔古纳河流域区域地质、水文地质、地形地貌、工程地质、土地利用类型、土壤类型、环境地质、自然地理、气象等相关资料进行分析总结，对额尔古纳河流域生态地质环境问题进行分析研究。

（3）开展额尔古纳河流域 1∶25 万成土母质、地形地貌、土壤类型、林草湿、荒漠化和人类活动等专题的遥感现状与 40 年变化监测调查。

（4）开展 1∶5 万重点区基础地质、工程地质、水文地质、地形地貌、土地覆被、地质灾害、矿产资源和河流变迁等专题调查，重点开展区内的基础地质、岩石风化程度和工程地质岩土体特征及水文地质空间分布的分析研究。根据额尔古纳河河道变迁、岛屿沙洲冲淤分布与变化和地质灾害及矿产开发状况等，研究额尔古纳河侵蚀淤积及其动态变化规律和地质灾害及矿产开发对环境的影响。

（5）以成土母质、土壤类型和地形地貌为基础，与各个生态地质环境因子（包括动态变化信息）进行叠加对比，了解生态地质环境因子（包括动态变化信息）受基础地质背景的影响关系，同时总结林地、草地、湿地和荒漠化现状特征及其变化规律。

（6）将各生态地质环境因子（包括动态变化信息）系列分析成果与气象资料等进行对比，了解相关生态地质环境因子变化受气象因子影响的大小及其规律。

（7）根据解译的人类活动现状及变化进行总结分析，结合地方经济发展（包括人口）状况资料探索人类活动对生态地质环境的影响。

（8）对各生态地质环境因子进行叠加分析。通过气象、基础地质、土壤类型、地貌类型、林草湿、荒漠化和人类活动各因子现状及其变化的分析，可以客观、充分了解区内各专题因子的空间分布关系，从而通过因子关联分析客观地了解各个专题因子之间的关联程度，掌握和了解各个生态环境因子之间的相互影响因素，并找出引起变化的主导因素。

（9）以生态地质环境因子叠加分析成果为基础，总结区内生态地质环境特征和变化特征，分析引起生态地质环境变化的主导因素，确定区内主要生态地质环境问题（图 2-3）。

第三节　流域生态地质环境遥感调查的技术方法

一、遥感信息源及图像处理

由于工作中需进行不同比例尺、不同分辨率和不同时段的遥感调查监测，因此，1∶25 万全区各生态因子遥感现状及变化调查以 Landsat MSS、Landsat ETM＋、Landsat8 OLI 三种数据为主（表 2-1）。受数据源的限制，很难在大面积范围内选择同一时相的遥感图像。因此，本项目首先选择秋季时相图像，其次选择夏季的图像。而 20 世纪 70 年代 Landsat MSS 数据尽可能选择成像时间在 6～10 月。

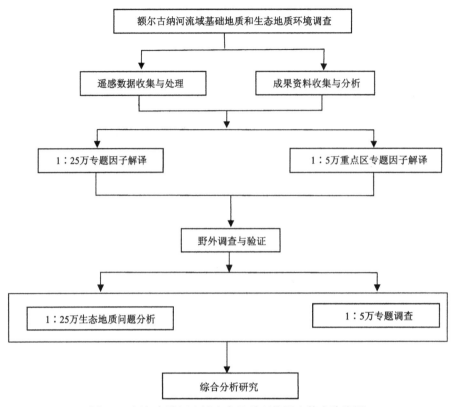

图 2-3 额尔古纳河流域生态地质环境调查技术路线图

表 2-1 1∶25 万使用的遥感调查数据及特征

传感器类型	波段特征	图像处理
MSS	可见光至红外的 4 个波段	经多光谱合成形成 60m 分辨率的多光谱图像
ETM+	可见光至红外的 8 个波段	经多光谱合成及融合处理形成 15m 分辨率的多光谱图像
OLI	可见光至红外的 11 个波段	经多光谱合成及融合处理形成 15m 分辨率的多光谱图像

图像处理方法如下。

(一)图像坐标系及投影

影像地图投影采用高斯克里格投影,6°分带,平面坐标系统一采用 1954 北京坐标系;高程系统采用 1956 年黄海高程基准,克拉索夫斯基椭圆体。全区遥感图像投影参数采用 Lambert 等角圆锥投影,第一纬度 47°,第二纬度 25°,投影原点 0°,中央经线 105°,克拉索夫斯基椭圆体。

(二)波段组合选取

不同地物具有不同的波谱特征,不同的电磁波段可以反映不同地物特征。一般来说,可见光波段主要反映的是地物的特色和亮度差异;近红外光波段主要反映的是植被、氧化铁等矿物、碳酸盐和土壤湿度等特征。如绿光波段对植被的反射敏感,能区分林型、树种;红光波段是叶绿素的主要吸收波段,用于区分地貌特征、植被与覆盖率,对沙质土壤有较高亮度,并反映盐渍化土地的白化现象;近红外波段是植被的强反射波段,能显示各种地形细节、细微地貌,反映不同沙质荒漠化程度的土地上的植被特点;远红外波段是绝大部分造岩矿物波谱响应曲线的最大差异光谱段,对岩性、地物、基岩(土壤)反映较好。

遥感信息提取时的基础影像大都采用彩色合成图像,这是基于人眼对色彩的识别能力大大高于对灰度的识别能力的正确选择。在处理彩色合成图像时,波段选择是关键。理想的情况是波段相关系数最小,方差最大(信息量丰富)。相关系数反映了波段的相关程度,其值越小,信息量的重叠就越小。方差反映像元亮度值离散度,方差越大,信息量越丰富。从7个波段的相关系数来看,远红外波段+近红外波段+蓝光波段的相关系数最小,其次是远红外波段+近红外波段+绿光波段。选择远红外波段+近红外波段+蓝光波段合成图像信息量最丰富,但具体到某一地区及某一时相的图像及不同的目的,选择波段的考虑因素也各有侧重。

依据不同波段的相关性,考虑1波段是蓝光波段,在大气传输过程中易发生瑞利散射,使图像不清晰,结合以往的工作经验及不同波段的合成对比试验,最终选定远红外波段+近红外波段+绿光波段合成方式。合成后的图像不仅充分反映出研究区不同地物的信息,而且不同地物间层次清晰、色彩丰富,接近真彩色,反差适中,所以调查区远红外波段+近红外波段+绿光波段彩色合成效果最佳。

(三)影像几何纠正

采用二次多项式纠正方法进行。为了保证影像图的几何精度,要求控制点拟合误差在1.5~2个像元之间;每景图像控制点个数13~16点,且分布均匀,八象限都有控制点,重采样选择立方卷积方法。

(四)影像镶嵌

色调归一化处理采用直方图匹配法,以及色阶拉伸、亮度对比度、色彩平衡、色度饱和度调整等方法;接缝平滑镶嵌选取20~100重叠像素范围,采用均值法进行接缝平滑,以保证整体色调的连贯、统一。

图像之间几何对准控制在拟合精度1~2个像元之间,采用折线镶嵌,要求整幅图像色调协调。

(五)二次匹配纠正

二次匹配纠正是为了确保生态环境地质因子动态变化信息提取的准确性而实施的一种图像纠正技术。处理过程中以分辨率高的纠正数据为基准数据,其他两种纠正数据为匹配数据,并通过二次匹配纠正处理减少误差,提高三期数据的匹配精度。以校正的ETM+为参考图像,将初步校正的Landsat MSS、Landsat8 OLI等图像与ETM+图像进行对比,保证空间位置完全重合、生态地质环境因子动态对比的有效性。

二、成土母质遥感调查

(一)成土母质分类分级标准

本项目成土母质调查时不是从"零"做起,而是在收集并综合分析已有地质资料的基础上,基于多源卫星遥感数据,更新了已有的研究成果、填补了空白区域,并在此基础上解译完成的。成土母质主要分为 5 个一级类和 19 个二级类(表 2-2)。

表 2-2 成土母质分类划分表

母质一级类	母质二级类
松散堆积物	砾石类
	砂类
	土类
沉积岩	砾岩类
	砂岩类
	粉砂岩类
	泥页岩类
	碳酸盐岩类
侵入岩	酸性侵入岩类
	中性侵入岩类
	基性侵入岩类
	超基性侵入岩类
火山岩类	酸性火山岩类
	中性火山岩类
	基性火山岩类
	火山碎屑岩类
变质岩	低级变质岩类
	中级变质岩类
	高级变质岩类

(二)成土母质遥感解译标志

依据成土母质的基本形态特征、影纹结构、色调和水系以及地貌特征来判定不同的成土母质类型。成土母质类型解译标志分类如表 2-3 所示。

表 2-3　不同成土母质影像特征及解译标志

地表基质类型	遥感影像特征	典型 Landsat ETM+合成影像
砾石类	色调为深灰色、灰绿色；水系稠密，为放射状水系；地貌为扇状地貌；影纹为放射状影纹	
砂类	色调为土黄色；水系稠密，为环状水系；地貌为丘包状地貌；影纹为斑块状影纹	
土类	色调为绿色；水系稀疏，为树枝状水系；地貌为格状地貌；影纹为粗斑状影纹	
砾岩类	色调为紫红色和绿色；水系稠密，为平行状和树枝状水系；地貌为低山地貌；影纹为平行状和树枝状影纹	
砂岩类	色调为紫色和白色；水系稠密，为平行状水系；地貌为低山地貌；影纹为条带状影纹	

续表 2-3

地表基质类型	遥感影像特征	典型 Landsat ETM+合成影像
粉砂岩类	色调为绿色和灰白色；水系稀疏，为平行状和树枝状水系；地貌为低山地貌；影纹为平行状和树枝状影纹	
泥页岩类	色调为绿色和浅土黄色；水系稀疏，为平行状和格状水系，支沟较短；地貌为丘陵地貌；影纹为平行状和格状影纹	
碳酸盐岩类	色调为紫色；水系稀疏，为平行状和树枝状水系，支沟较短；地貌为丘陵地貌；影纹为平行状和树枝状影纹	
酸性侵入岩类	色调为浅粉黄色；水系稠密，为平行状和树枝状水系，支沟较短；地貌为中山地貌；影纹较杂乱，为平行状和树枝状影纹	
中性侵入岩类	色调为蓝绿色和浅灰蓝色；水系稀疏，为平行状水系；地貌为丘陵地貌；影纹为平行状和格状影纹	

续表 2-3

地表基质类型	遥感影像特征	典型 Landsat ETM+合成影像
基性侵入岩类	色调为紫红色；水系稀疏，为树枝状水系；地貌为中山和高山地貌；影纹为树枝状影纹	
超基性侵入岩类	色调为深蓝绿色；水系稠密，为平行状和树枝状水系；地貌为中山和高山地貌；影纹为粗线影纹	
酸性火山岩类	色调为紫红色和绿棕色；水系稠密，为平行状和树枝状水系；地貌为低山和中山地貌；影纹为条状和树枝状影纹	
中性火山岩类	色调为深蓝色和紫红色；水系稀疏，为平行状和树枝状水系；地貌为低山和中山地貌；影纹为平行状和树枝状影纹	
基性火山岩类	色调为浅金黄色和浅绿色；水系较稠密，为树枝状和似平行状水系，支沟较短；地貌为低山和中山地貌；影纹为树枝状和条纹影纹	

续表 2-3

地表基质类型	遥感影像特征	典型 Landsat ETM+合成影像
火山碎屑岩类	色调为深粉红色和灰白色；水系稠密，为平行状和似平行状水系；以短支沟为主；地貌为丘陵地貌；影纹为细纹和平行状影纹	
低级变质岩类	色调为红色；水系稀疏，为平行状和树枝状水系；地貌为低山和中山地貌；影纹为平行状和条状影纹	
中级变质岩类	色调为绿色和浅灰色；水系稀疏，为平行状水系；地貌为低山和中山地貌；影纹较光滑，为条状影纹	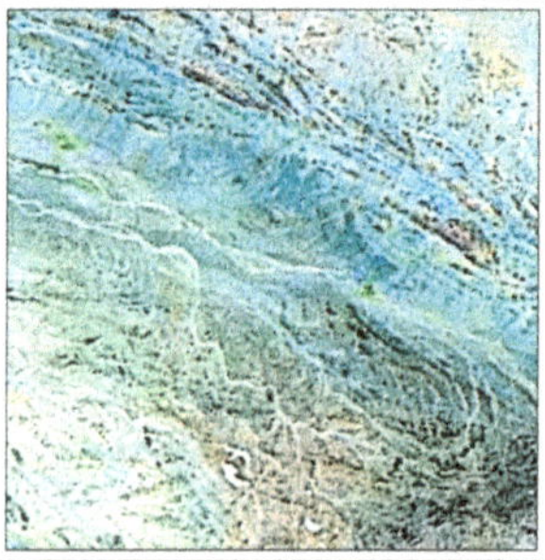
高级变质岩类	色调为浅土黄色和灰白色；水系稠密，为树枝状和格状水系；地貌为低山和中山地貌；影纹较杂乱，为树枝状和紊乱纹状影纹	

三、地形地貌遥感调查

（一）地貌分类分级标准

以 ETM+遥感影像为数据源，结合三维影像图，同时考虑地貌分类与区域生态地质环境特征密切结合的特点，采用内动力与外动力地质作用成因方式，建立成因-成因形态-物质形态相结合的 3 级综合分类方案（表 2-4），并以内动力成因地貌为主体，外动力成因地貌为补充，进而突出中国陆域范围内的褶断侵蚀高原地貌单元、断(坳)陷堆积平原与褶断侵蚀山地地貌单元和火山地貌单元的空间分布格局,以及物质形态地貌单元对生态地质环境变化的控制关系与规律。

表2-4 地貌类型分类分级标准表

动力类型	成因	代号	成因形态	代号	物质形态	代号
内动力	构造地貌	I	褶断侵蚀高原		现代冰川	
				山地 I_{11}	冰蚀基岩质极高山(相对高度>1500m)	I_{111}
					冰蚀基岩质高山(相对高度1000~1500m)	I_{112}
					冰蚀基岩质中山(相对高度500~1000m)	I_{113}
					冰蚀基岩质低山(相对高度100~500m)	I_{114}
					冰蚀基岩质丘陵(相对高度<100m)	I_{115}
					黄土丘陵	I_{116}
				平原 I_{12}	砂砾质冲洪积平原	I_{121}
					砂砾质湖积平原	I_{122}
					泥砂质湖积平原	I_{123}
					砾石质冰碛平原	I_{124}
					砾石质冰碛垄	I_{125}
					砾石质冰水堆积平原	I_{126}
					盐漠	I_{127}
				台地 I_{13}	砾石质冰碛台地	I_{131}
					砂砾冰水台地	I_{132}
					砂土湖积台地	I_{133}
					黄土塬	I_{134}
			褶断侵蚀山地 I_2		侵(冰)蚀基岩质高山(海拔3500~5000m)	I_{21}
					侵(冰)蚀基岩质中山(海拔1000~3500m)	I_{22}
					基岩质低山(海拔500~1000m)	I_{23}
					基岩质丘陵(海拔250~500m)	I_{24}
			断(坳)陷堆积平原 I_3		砂土质湖积平原	I_{31}
					盐碱质湖积平原	I_{32}
					黏土质湖积平原	I_{33}
					淤泥湖积平原	I_{34}
					砾石质冰水堆积平原	I_{35}
					砂土质冲积平原	I_{36}
					砂砾质冲洪积平原	I_{37}
					砾石质冰碛平原	I_{38}
					砾石质冰碛垄	I_{39}
					砾石质冰碛台地	I_{310}
					砾石质冰水堆积台地	I_{311}
					砂土质湖积台地	I_{312}
					砂砾质冲洪积台地	I_{313}
	火山地貌	II	熔岩台地	II_1	玄武岩火山锥(群)	II_{11}
					玄武岩台地	II_{12}

续表 2-4

动力类型	成因	代号	成因形态	代号	物质形态	代号
外动力	流水地貌	Ⅲ	河谷地貌	Ⅲ$_1$	泥砂质河谷平原(河床、边滩、心滩、低漫滩、牛轭湖)	Ⅲ$_{11}$
					泥砂砾质谷坡阶地	Ⅲ$_{12}$
					黄土谷坡阶地	Ⅲ$_{13}$
			残坡积堆积平原	Ⅲ$_2$	砂土碎石倾斜堆积平原	Ⅲ$_{21}$
	湖沼地貌	Ⅳ	湖沼湿地	Ⅳ$_1$	泥砂质沼泽湿地	Ⅳ$_{11}$
					泥炭质沼泽湿地	Ⅳ$_{12}$
			湖滨阶地	Ⅳ$_2$	亚砂土和亚黏土堆积阶地	Ⅳ$_{21}$
	风成地貌	Ⅵ	风积平原	Ⅵ$_1$	新月状垄岗状波状沙地	Ⅵ$_{11}$
					沙漠	Ⅵ$_{12}$
			风蚀地貌	Ⅵ$_2$	砂土残丘(雅丹)	Ⅵ$_{21}$
					戈壁(砾漠)	Ⅵ$_{22}$

(二)地貌遥感解译标志

依据地貌的基本形态特征、影纹结构、色调和水系以及地貌特征来判定不同的地貌类型。地貌类型解译标志分类如表 2-5 所示。

表 2-5 不同地貌影像特征及解译标志

序号	地貌类型	遥感影像特征	典型 Landsat ETM+合成影像
1	黄土丘陵	典型遥感影像特征表现为灰色—灰白色调;发育树枝状水系,水系较密;树枝状影纹图案;地貌特征表现为沟壑密布,"U"形沟谷发育,间杂耕地分布其间	
2	黄土塬	典型遥感影像特征表现为红色或深红色调;周围发育较密树枝状水系;整齐块状影纹;地貌上表现出顶部平坦(常为耕地)、塬坡较陡、沟谷发育的特点	

续表 2-5

序号	地貌类型	遥感影像特征	典型 Landsat ETM＋合成影像
3	侵蚀基岩质中山	海拔 1000～3500m 的基岩质山地的典型遥感影像特征表现为黑色调；条带状影纹图案；水系较稀疏，为杂乱网状水系；在北山地区无植被发育，在大兴安岭、祁连山植被茂盛	
4	基岩质低山	海拔 500～1000m 的基岩质山地的典型遥感影像特征表现为亮红色调；斑状影纹图案；植被茂盛；山脊陡峭；发育较密树枝状水系	
5	基岩质丘陵	海拔 250～500m 的丘陵分布于大兴安岭东部，其典型遥感影像特征表现为淡绿色调、粉红色调；斑状影纹；地形和缓；山体浑圆；凸坡发育；水系稀疏，为树枝状水系；具有稀疏的农田整齐块状影纹，道路分布其间	
6	砂土质断陷（坳陷）湖积平原	断陷（坳陷）成因的湖积平原的典型遥感影像特征解译标志具有差异性。在蒙古高原面上多为现代湖积平原，以具有亮白色圆形或似圆形团块影纹图案为特征；在贺兰山以西，砂土质湖积物多发育沙质荒漠化	
7	砾石质冰水堆积平原	典型遥感影像特征表现为淡红色夹杂淡蓝色调；细线状影纹图案；侵蚀切割强烈，植被稀少；地表破碎崎岖；水系密布，为平行状水系	

续表 2-5

序号	地貌类型	遥感影像特征	典型 Landsat ETM+合成影像
8	盐碱质湖积平原	典型遥感影像特征表现为蓝紫色调;线状、条带状影纹;地表平坦,植被稀少;水系不甚发育	
9	黏土质湖积平原	典型遥感影像特征表现为亮白色调;斑块状影纹图案;表面平坦,边缘清楚;仅在局部有少量植被分布;周围水系稀疏,为似平行状水系	
10	砂土质冲积平原	典型遥感影像特征表现为红色调(秋季 CBERS 彩红外合成影像);点状影纹图案;地表平坦,道路、沟渠纵横,农田广布,自然水系不甚发育;城镇分布清晰可见	
11	砂砾质冲洪积平原	典型遥感影像特征表现为灰蓝色调、淡蓝色调;短线状或带状影纹;地表平坦,植被稀少;水系分布稀疏,为辫状水系	
12	玄武岩火山锥(群)	典型遥感影像特征表现为黑色,不均匀深色调;环状影纹结构,中央低洼,四周隆起似碟形,有的积水成湖;侵蚀较弱,周边发育较密树枝状水系	

续表 2-5

序号	地貌类型	遥感影像特征	典型 Landsat ETM+合成影像
13	玄武岩台地	典型遥感影像特征为灰色,常因植被发育呈红色,深色不均匀色调;斑点状影纹;表面平坦,台地边缘有清晰线状阴影;植被呈点状稀疏分布;水力侵蚀较弱,发育稀疏树枝状水系	
14	泥砂质河谷平原	典型遥感影像特征为红色,较均匀浅色调;整齐块状影纹,一般呈条带状展布;地表多被开垦为农田,间有村庄分布其中;水力侵蚀微弱,发育稀疏树枝状水系	
15	黄土谷坡阶地	该地貌分布在河谷两侧的山坡上。典型遥感影像特征表现为灰白色浅色调;细纹状和块状影纹图案,宽带状展布;多被开垦为耕地,未被开垦部分水力侵蚀强烈,发育密集树枝状水系	
16	砂土碎石倾斜堆积平原	依据分类标准,此种地貌隶属于残坡积平原。典型遥感影像特征表现为浅红色—红色,均匀浅色调;植被类型为自然生长牧草,多因人为放牧活动呈规则斑块状影纹;地表平坦,水力侵蚀微弱,水系不甚发育	
17	沼泽湿地	该地貌在区内主要分布于河流尾闾。典型遥感影像特征表现为红色不均匀色调,形态为圆形、椭圆形;影纹为不规则斑状、细带状;地貌上呈汇水洼地;植被茂盛;有的可见水体分布其中	

续表 2-5

序号	地貌类型	遥感影像特征	典型 Landsat ETM+合成影像
18	新月状垄岗状波状沙地	典型遥感影像特征表现为白色、亮白色浅色调；点状、短条带状影纹，片状展布；植被稀少，多呈点状分布；河流水系不发育；风力侵蚀强烈，沙丘常常沿风向定向排列，长轴方向与风向一致	
19	沙漠	典型遥感影像特征表现为黄色，均匀浅色调；垄岗状或链状影纹图案；河流水系不发育；风力侵蚀强烈，常常发育定向排列的沙丘链	
20	戈壁	典型遥感影像特征表现为灰色均匀深色调；表面平坦，影纹图案光滑均匀；植被不发育；水系稀疏，为平行状水系；风力侵蚀强烈；人工道路清晰可见	
21	砾漠	典型遥感影像特征表现为亮白色浅色调；团块状影纹；植被不发育；黏土层广布；水系较密，为杂乱无章水系	

四、林草湿遥感调查

(一)林草湿分类分级标准

1. 林地分类分级标准

林地是指生长乔木、灌木的土地,不包括居民点内部的绿化林木用地,铁路、公路征地范围内的林木,以及河流、沟渠的护堤林。考虑遥感影像上林地类型图斑的可判性,依据项目制定的技术要求,结合工作区林地类型实际情况,工作区林地生态资源主要为乔木林地、灌木林地、其他林地3类(表2-6)。

表2-6 林地生态资源现状分类表

一级类		二级类	
编码	名称	编码	名称
03	林地	0301	乔木林地
		0302	灌木林地
		0303	其他林地

2. 草地分类分级标准

草地是指以生长草本植物为主的土地。草地生态资源主要为天然牧草地、人工牧草地和其他草地(表2-7)。

表2-7 草地生态资源现状分类表

一级类		二级类	
编码	名称	编码	名称
04	草地	0401	天然牧草地
		0402	人工牧草地
		0403	其他草地

3. 湿地分类分级标准

湿地定义有50多种,其中《湿地公约》对湿地的定义为:湿地是指不论其为天然或人工、长久或暂时的沼泽地、湿原、泥炭地或水域地带,带有静止或流动的淡水、半咸水、咸水水体者,包括低潮时水深不超过6m的水域。

湿地是一个涉及面很广的自然生态系统,在空间和时间上处于一个过渡状态。在空间上,湿地是水域和陆地的过渡地带,兼有水域和陆地的一些性质,可以在两者之间转换;在时间上,其类型和性质会随时间产生较大的变化,如受淹没时间的影响,夏天的湖泊冬天可能就成了沼泽,滨海湿地的浅海水域和滩涂会随潮汐的影响相互转变等。另外,各湿地类型之间没有特别的自然联系。因此,对湿地进行系统分类具有一定的复杂性,实际操作较为困难,很难在同一层次中以单个特征因子对所有类型进行分类。根据项目工作性质将湿地进行3级分类(表2-8)。

表 2-8 湿地资源现状分类表

一级类		二级类		三级类		定义及划分技术标准
编码	名称	编码	名称	编码	名称	
01	天然湿地	010	河流湿地	01001	永久性河流	常年有河水径流的河流,仅包括河床部分
				01002	季节性或间歇性河流	一年中只有季节性(雨季)或间歇性有水径流的河流
				01003	洪泛湿地	在丰水季节由洪水泛滥的河滩、河心洲、河谷、季节性泛滥的草地以及保持了常年或季节性被水浸润内陆的三角洲所组成
		011	湖泊湿地	01101	永久性淡水湖	由淡水组成的永久性湖泊,矿化度<1g/L
				01102	季节性淡水湖	由淡水组成的季节性或间歇性淡水湖(泛滥平原湖)
		012	沼泽湿地	01201	草本沼泽	由水生和沼生的草本植物组成优势群落的淡水沼泽
02	人工湿地	020	人工湿地	02001	采矿挖掘积水区	常位于矿山活动附近,没有固定的形状,挖掘区植被破坏严重,因挖掘导致地势低洼,常常形成积水
				02002	城市景观水面	常位于城市市区或者郊区,形状不规则,可见人工设施及道路交通设施,附近植被整齐划一
				02003	淡水养殖场	以水产养殖为主要目的而修建的淡水池塘人工湿地
				02004	坑塘	指人工开挖或天然形成的,面积<1km² 的坑塘常水位岸线所围成的水面
				02005	水库	水库正常蓄水水位岸线围成的水面

(二)林草湿遥感解译标志

1. 林地遥感解译标志

依据林地的基本形态特征、影纹结构、色调以及分布位置来判定不同的林地类型。林地类型解译标志分类表与其类型影像示例如表2-9、图2-4所示。

(1)乔木林地:由乔木树种组成,连续面积在1亩(含)(1亩≈666.67m^2)以上,郁闭度在0.20(含)以上的片林或林带。不包括森林沼泽、红树林。

乔木林地通常依地形地貌呈片状、条带状、断续带状或不规则状等面状分布,多分布在地形起伏的山地阴坡及半阴坡中。影像上色彩较浓,色调不均匀,因阴坡比阳坡生长较好,表现出明显的色调差异,可见树冠阴影,图像纹理结构粗糙,呈现不规则的颗粒状、花斑状;地形平缓地区的有林地往往边界规则,面积较小。

(2)灌木林地:由以生长低矮的多年生灌木型木本植被为主体构成的植被,连续面积在1亩(含)以上,不包括灌丛沼泽。灌木林地因其低矮的特点在影像上一般颗粒感相对不明显,往往分布在有林地与草地、农用地之间的过渡地带,边界不规则,色调较有林地浅,较草地色调稍深,影纹结构较有林地光滑。

(3)其他林地:指树木郁闭度为0.1~<0.2的林地、未成林地、迹地、苗圃等林地。其他林地一般较为稀疏,在影像上呈现出颗粒状,颜色较淡,中间夹杂着裸地的灰白色,或者草地的浅绿色等,只含有少量的深色图斑,色调分布不均匀。

表2-9 林地类型解译标志分类表

序号	林地类型	林地类型界定
1	乔木林地	影像上,有林地呈片状或带状分布,色调均一,颗粒感强烈;天然草地多为羽毛状,影纹细腻,与有林地界线清晰
2	灌木林地	影像上,灌木林地呈深绿色,影纹粗糙,植被较为低矮,与周边纹理细腻规则、色调较浅的耕地差异明显
3	其他林地	影像上,存在规则的人工种植痕迹,可见部分裸露土壤,郁闭度为0.1~<0.2,影像纹理粗糙,与周围纹理细腻的耕地差异显著,定为其他林地

图 2-4 林地、草地类型典型 Landsat8 OLI 合成影像示例
a.乔木林地;b.灌木林地;c.其他林地;d.天然牧草地;e.人工牧草地;f.其他草地

乔木林地、灌木林地与其他林地之间的影像纹理特征差异总体比较显著,但在局部地区,分类影像标志特征不明显。在沿河道两侧及两侧的洪泛湿地内,乔木林地与灌木林地生长均较为茂盛,二者影像较难分辨;山区地带的灌木林地与其他林地的影像特征复杂多样,解译难度相对较大。解译借助于多时相影像对比分析,结合野外验证等多种手段。

2. 草地遥感解译标志

工作区常见的草地类型有天然牧草地、人工牧草地与其他草地。依据草地的基本形态特征、影纹结构、色调来判定不同的草地类型。草地类型解译标志分类表和图斑类型示例影像如表 2-10、图 2-4 所示。

(1) 天然牧草地：以天然生长或半人工培育的草本植物为主覆盖的地表。一般未经改良或经过不破坏天然植被条件下的改良，用于放牧或割草。

天然牧草地在影像中色调基本统一，色度均匀，常呈鲜绿色。由于草本植物比较低矮，看不出阴影，整体呈片状、条带状，影纹结构光滑细腻。

(2) 人工牧草地：通过耕翻、完全破坏、清除原有天然植被后，人为播种、栽培建植的以草本植物为主体的人工植被及其生长的土地。包括以饲用为主要目的的人工牧草地和特殊用途草地，如改善环境的绿化草地和高尔夫球场。

人工牧草地在影像上形状较规则，有较明确的范围，边界清晰，实地往往由围栏围住，多分布在地形较平缓的地带。其中，为了固定或者减轻干旱地区流沙移动而人工种植的发挥防风固沙、减少水土流失作用的灌丛或草地，在高分遥感影像上特征更为明显，一般呈现统一规则的块状纹理。

(3) 其他草地：指树木郁闭度<0.1，表层为土质，以生长草本植物为主，不用于畜牧业的草地。

除遥感影像上能完全区分的天然牧草地、人工牧草地之外的其他草地，遥感影像上呈片状、斑状、条带状，多分布在山前斜坡地带或山麓地带；局部地段呈现草地特有的绿色、黄绿色色调，但往往较大片分布的天然牧草地色调稍深，局部地区以色度深浅差异与天然牧草地显现出较明显的分界，影纹结构较光滑细腻；在有轻度荒漠化的地段因草地的覆盖度较低，草地特征表现不甚明显，以斑块状图斑中夹杂断续的条状或斑状图斑为特征。

表 2-10 草地类型解译标志分类表

序号	草地类型	草地类型界定
1	天然牧草地	影像上呈现鲜绿色，影像纹理细腻，可见少量呈现暗灰白色的土壤，无明显人工种植痕迹。草地中可见少量灌丛，呈深绿色，颗粒感较强
2	人工牧草地	影像上呈现鲜绿色，影像纹理细腻，存在明显的人工种植痕迹，与周围地物纹理特征差异显著
3	其他草地	多分布在山前斜坡地带或山麓地带，影像上整体呈现褐色，可见大量裸露土壤与少量草本植物，影纹较为细腻，郁闭度<0.1

3. 湿地遥感解译标志

结合工作区资料,工作区主要湿地类型为天然湿地和人工湿地两种一级类型。

(1)天然湿地:天然湿地图斑类型解译标志分类表与图斑类型解译标志如表2-11、图2-5所示。

表2-11 天然湿地图斑类型解译标志分类表

序号	湿地类型	湿地类型界定
1	河流湿地	河流在影像上,形态自然弯曲,呈线带状、分支复合状、网状,色调均匀,呈现蓝色、深蓝色或蓝黑色,影像结构均匀,一般分布在河谷或丘陵低地或川间平原。河漫滩一般分布在河流两岸,以灰色、灰白色为主,色调不均匀,间断或连续片状或条带状分布,质地纹理均一,界线清晰
2	湖泊湿地	永久性湖泊湿地在遥感图像上可见蓝色、深蓝色、暗黑色、蓝黑色等色调的水体,色调随水体的深浅有明显差异,湖泊边界清晰,较大规模湖泊周围或一侧往往伴生有较多喜水和水生植被,随植被生长情况和水深差异影像色调有所不同,大多呈绿色、草绿色、墨绿色等,表面形态多呈水浸状、半透明状
3	沼泽湿地	分布在山体沟谷或平原低洼处,局部地段可见有小湖泊或河流等明显的水体;草甸植被较发育,色调呈草绿色、深绿色、墨绿色、黑绿色、蓝色、蓝灰色调等,因水过饱和而较周围颜色深。表面形态大多呈不规则水浸状、斑杂状等,边界大都不明显。草本沼泽在影像上形状不规则,整体呈斑块状纹理特征,芦苇等水生植物呈毛绒状纹理

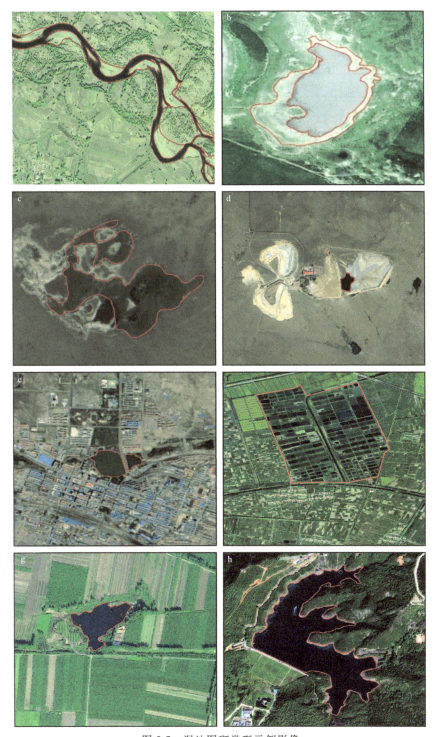

图 2-5 湿地图斑类型示例影像

a.河流湿地；b.湖泊湿地；c.沼泽湿地；d.采矿挖掘积水区；e.城市景观水面；f.淡水养殖厂；g.坑塘；h.水库

(2)人工湿地:工作区内人工湿地5种亚类几乎均有分布。人工湿地具有明显的人工活动痕迹。制作人工湿地图斑类型解译标志分类表和图斑类型解译标志,如表2-12所示。

表2-12 人工湿地图斑类型解译标志分类表

序号	三级分类	图斑类型界定
1	采矿挖掘积水区	常位于矿山活动附近,没有固定的形状,挖掘区植被破坏严重,因挖掘导致地势低洼,常常形成积水,色调往往呈均匀深蓝、蓝黑、黑色等
2	城市景观水面	常位于城市市区或者郊区,形状不规则,可见人工设施及道路交通设施,附近植被整齐划一,色调往往呈均匀深蓝、蓝黑、黑色等
3	淡水养殖场	多位于内陆地区,形状往往较为规则,典型的往往呈格子状、方块状,边界清晰,水域中心常常可见若干白点,为增氧机,色调呈绿色、深绿、蓝黑、黑色等
4	坑塘	往往位于稻田、农田中间或附近,形状不太规则,边界清晰,池塘边常有树木生长,附近常有沟渠通过,色调往往呈深绿、深蓝、蓝黑、黑色等
5	水库	水库位于河流中、下游谷地,多分布在河流中或几条沟的汇流处,往往在峡谷狭窄处筑有拦水大坝;形态较规则,边界清晰,色调呈均匀的蓝、深蓝、蓝黑、黑色等

五、土地荒漠化遥感调查

(一)土地荒漠化分类分级标准

荒漠化类型划分为沙质荒漠化、盐碱质荒漠化、水蚀荒漠化,荒漠化程(强)度划分为重度、中度、轻度3种。

1. 沙质荒漠化

参照《区域环境地质勘查遥感技术规定(1∶50 000)》(DZ/T 0190—2015)和《联合国关于在发生严重干旱和/或荒漠化的国家特别是在非洲防治荒漠化的公约》对土地沙漠化类型的划分,结合应用遥感技术对土地沙漠化监测的可行性,土地沙漠化程度按风积、风蚀地表形态占该地面积百分比、植被覆盖度及其综合地貌景观特征划分为轻度、中度、重度3个级别(表2-13)。

表 2-13 沙质荒漠化程度划分表

沙化程度		风积、风蚀地表形态占该地面积/%	植被覆盖度/%	地表景观综合特征
代号	名称			
F_1	轻度沙漠化	10~30	20~40	风沙活动较明显,原生地表已开始遭到破坏,出现片状、点状沙地,主要为固定的灌丛沙堆;原生植被有所退化,与沙生植被混杂分布,农田适耕地下降
F_2	中度沙漠化	30~50	10~20	风沙活动频繁,原生地表破坏较大,半固定沙丘与滩地相间分布,丘间和滩地一般较开阔,多为灌草;耕地中有明显的风蚀洼地、残丘,地表植被稀少
F_3	重度沙漠化	>50	<10	风沙活动强烈,密集的流动沙丘和风蚀地表,沙生植被稀少或基本没有植被生长。形成戈壁地貌景观

2. 盐碱质荒漠化

参照《联合国关于在发生严重干旱和/或荒漠化的国家特别是在非洲防治荒漠化的公约》对土地盐碱化类型的划分,结合应用遥感技术对土地盐碱化监测的可行性,土地盐碱化程度按盐碱化土地占该地面积百分比,参考表层土壤含盐量及其地貌景观特征划分为轻度、中度、重度盐碱化土地 3 个级别(表 2-14)。

表 2-14 盐碱质荒漠化程度划分表

盐碱质荒漠化程度		盐碱化地表占该地面积/%	表层土壤含盐量/%	地表景观综合特征
代号	名称			
Y_1	轻度盐碱化	<30	0.3~0.6	地表有一定面积的植被生长,有的地段可生长较大面积的乔灌木林,耕地和草地中可见小块盐斑裸地
Y_2	中度盐碱化	30~50	0.6~1.0	地表有少量植被生长,主要为乔木林和灌木林,草地已被耐盐植物代替
Y_3	重度盐碱化	>50	>1.0	地表无植被或局部有少量胡杨、骆驼刺、索索草等分布

3. 水蚀荒漠化

根据《联合国关于在发生严重干旱和/或荒漠化的国家特别是在非洲防治荒漠化的公约》中对荒漠化的定义,水蚀荒漠化是指流水(以水蚀为主)作用下的荒漠化土地,人为活动破坏地表植被导致严重的流水侵蚀,使土地生产力严重下降直至丧失,出现以劣地或石质(碎石质等)坡地为标志的土地严重退化。侵蚀程度划分为轻度、中度和重度 3 种类型(表 2-15)。

表 2-15 水蚀荒漠化程度划分表

水蚀荒漠化程度		劣地或石质坡地占该地面积/%	现代沟谷(细沟、切沟、冲沟)占该地面积/%	植被覆盖度/%	地表景观综合特征
代号	名称				
S_1	轻度水蚀荒漠化	<10	<10	70～50	斑点状分布的劣地或石质坡地。沟谷切割深度在 1m 以下,片蚀及细沟发育。零星分布的裸露沙石地表
S_2	中度水蚀荒漠化	10～30	10～30	50～30	有较大面积分布的劣地或石质坡地。沟谷切割深度在 1～3m。较广泛地分布在裸露沙石地表
S_3	重度水蚀荒漠化	≥30	≥30	≤30	密集分布的劣地或石质坡地。沟谷切割深度在 3m 以上,地表切割破碎

(二)土地荒漠化遥感解译标志

依据土地荒漠化的基本形态特征、影纹结构、色调和水系以及地貌特征来判定不同的荒漠化类型。土地荒漠化类型解译标志如表 2-16 所示。

表 2-16 不同土地荒漠化影像特征及解译标志

序号	地貌类型	遥感影像特征	典型 Landsat8 OLI 合成影像
1	轻度沙质荒漠化	风积沙呈点状分布,面积大于总面积的 10%,小于总面积的 30%	

续表 2-16

序号	地貌类型	遥感影像特征	典型 Landsat8 OLI 合成影像
2	中度沙质荒漠化	风积沙呈点状或片状分布,所占面积超过 30%,不大于 50%	
3	重度沙质荒漠化	风积沙呈片状或带状分布,所占面积比例超过 50%	
4	轻度盐碱质荒漠化	略呈稀疏分布的农田,其周围多有灰色、灰黑色深色调斑块状的湿润土地分布	
5	中度盐碱质荒漠化	深灰色—灰黑色斑块状积水地区,周围有盐爪爪等耐盐植物生长,农作物一般不能生长	
6	重度盐碱质荒漠化	蓝色—蓝黑色深色调斑块,实地多为盐湖,周围几乎无植物生长	

续表 2-16

序号	地貌类型	遥感影像特征	典型 Landsat8 OLI 合成影像
7	轻度水蚀荒漠化	主要发生于黄土分布区，密集树枝状水系，以沟蚀为影像判别标志，切沟和冲沟的密度小于总面积的10%	
8	中度水蚀荒漠化	主要发生于黄土分布区，密集树枝状水系，以沟蚀为主要特征，切沟与冲沟的面积超过总面积的10%，而小于30%	
9	重度水蚀荒漠化	黄土地区最为典型，冲沟分布密集，所占面积超过30%。地貌多被切割成小残丘或黄土丘陵	

六、人类社会活动遥感调查

（一）人类活动分类分级标准

人类活动是指人类为了生存发展和提升生活水平，不断进行的一系列不同规模的活动，工作区内人类活动包括住宅占地、工矿占地、农业占地、公共服务占地。

住宅占地类型：城市占地、县城占地、乡镇占地、村庄占地。
工矿占地类型：工业占地、金属矿产占地、非金属矿产占地、能源矿产占地。
农业占地类型：耕地占地、畜牧养殖占地。
公共服务占地类型：旅游占地。

（二）人类活动遥感解译标志

依据不同类型的影像基本形态特征、影纹结构、色调以及分布位置来判定不同的人类活动（表 2-17）。

表 2-17　不同类型人类活动影像特征及解译标志

序号	人类活动类型	遥感影像特征	典型 Landsat8 OLI 合成影像
1	城市占地	城市较县城分布面积较大,呈有规律密集斑点状排列的蓝色和灰色色调,城市内不同方向道路呈灰色长直线状展布	
2	县城占地	县城较乡镇分布面积较大,呈有规律密集斑点状排列的灰色和灰蓝色色调,县城内不同方向道路呈灰色长直线状展布	
3	乡镇占地	乡镇较村庄分布面积较大,呈密集斑点状灰白色色调,乡镇内不同方向道路呈灰白色直线状展布	
4	村庄占地	村庄分布面积较少,呈斑点状白色色调,村内不同方向道路呈灰白色直线状	
5	工业占地	色调为粉红色、绿色,呈规则的长方形和正方形排列	

续表 2-17

序号	人类活动类型	遥感影像特征	典型 Landsat8 OLI 合成影像
6	金属矿产占地	色调为白色，与周围的草地色调绿色差别较大，影纹呈斑块状	
7	非金属矿产占地	色调为灰色和灰白色，呈大面积连片的凸起状影纹，与周围的草地和林地在色调和影纹上差别较大	
8	能源矿产-石油占地	色调为白色，影纹为密集分布的斑点状影纹，各个斑点之间有道路连接	
9	能源矿产-煤矿占地	色调为灰色、深灰色和黑色，呈从四周向中心凹陷影纹	
10	耕地占地	色调均一，与周围的草地在色调上差别较大。呈长方形条带状	

续表 2-17

序号	人类活动类型	遥感影像特征	典型 Landsat8 OLI 合成影像
11	畜牧养殖占地	色调为白色和绿色,影纹呈四周直线排列,内部为密集排列的斑点	
12	旅游占地	色调为黑色,呈有规律排列的斑点状影纹	

第三章　流域生态地质条件调查

第一节　社会概况

一、社会经济

额尔古纳河流域总面积约15.5 km²,全流域有额尔古纳市、根河市、牙克石市、满洲里市、鄂温克族自治旗、陈巴尔虎旗、新巴尔虎右旗和新巴尔虎左旗。流域内有满洲里、黑山头、室韦3个国家一类口岸。

2016年,额尔古纳河流域国内生产总值(GDP)达1 174.4亿元,是2000年GDP的8.5倍。其中,第一产业、第二产业和第三产业产值分别为95.2亿元、545.0亿元和535.2亿元,分别占流域GDP的8.4%、46.3%和45.3%。流域人均GDP达10.0万元,是内蒙古自治区人均GDP的1.5倍,约为全国人均GDP的1.8倍。2000—2016年,流域人均GDP呈显著的上升趋势,由最初的1.2万元上升到10.0万元。

从各旗(区、市)看,2016年海拉尔区对流域GDP的贡献最大,占流域GDP的25.3%;其次为满洲里市和牙克石市,分别占流域GDP的20.3%和19.2%;新巴尔虎左旗、额尔古纳市和根河市对流域的GDP贡献最小,分别为2.3%、4.1%和3.5%。

二、人口概况

流域内为多民族聚居区,主要少数民族有蒙古族、满族、回族、达翰尔族、朝鲜族、俄罗斯族、鄂温克族、鄂伦春族和其他少数民族。

2016年,流域总人口为72.53万人,人口自然增长率约为1.1‰,其中,非农业人口为57.03万人,占流域总人口的87.8%;农业人口为15.5万人,占流域总人口的12.2%。其中,牙克石市和海拉尔区的人口最多,分别为13.8万人和13.6万人,分别占流域总人口的10.9%和10.7%;满洲里市、扎赉诺尔区、额尔古纳市人口分别为8.4万人、8.5万人、8.2万人,分别占流域总人口的6.7%、6.8%、6.3%;陈巴尔虎旗、新巴尔虎左旗、新巴尔虎右旗人口分别为5.5万人、4.3万人和3.6万人,分别占流域总人口的4.4%、3.3%和2.8%。

三、种植业概况

2016年,额尔古纳河流域内有乡镇52个,农作物播种面积约4816 km²,占呼伦贝尔市农作物播种总面积的29.0%,粮食作物播种面积2 600.31 km²,粮食作物总产量为101.6万t,化肥使用量为5.6万t,农药使用量为7078t。

牙克石市、额尔古纳市、陈巴尔虎旗的农作物种植面积较大,3个旗(区、市)农作物播种面积占流域农作物播种面积的82.7%。

流域内粮食作物主要为小麦和马铃薯及少量的玉米,小麦和马铃薯种植面积约为粮食作物种植面积的64.3%;经济作物以油菜籽种植为主,占流域经济作物种植面积的80.5%。

四、畜牧业概况

2016年,流域有牲畜490.2万只,其中牛54.8万头、马14.7万匹、羊323.45万只、猪8.0万头。其中,新巴尔虎右旗有牛8.1万头、羊46.5万只、马2.9万匹,新巴尔虎左旗有牛9.5万头、羊60.5万只、马3.4万匹,陈巴尔虎旗有牛6.3万头、羊78.2万只、马3.7万匹,鄂温克族自治旗有牛10.5万头、羊27万只、马3.7万匹。牙克石市、满洲里市和鄂温克族自治旗等人口聚居区的生猪养殖量较大,其中,牙克石市生猪出栏2.77万头,满洲里市生猪出栏2.4万头,鄂温克族自治旗生猪出栏1.3万头,占全流域生猪量的67.5%。

额尔古纳河流域的养殖规模相对较大,尤其是呼伦贝尔大草原出产的牛、羊备受市场欢迎,畜禽养殖量呈上升趋势。

第二节 流域气候变化特征

由于额尔古纳河流域面积较大,是我国最典型的草原和森林分布区,以高平原草原和大兴安岭山地为主体,各地形单元气候特点差异较大,因此,可将额尔古纳河流域分为上、下游两部分,在上游选取阿尔山站、新巴尔虎左旗站、新巴尔虎右旗站、海拉尔站和满洲里站4个气象站的气象资料,在下游选取图里河站、额尔古纳右旗站和漠河站3个气象站的气象资料,时间为1970—2016年,气候要素为全年,采用一元回归分析方法,分析额尔古纳河流域近50年的年均气温和年均降水量变化形式。

一、流域年均气温变化特征

由图3-1和表3-1可知,近50年来,额尔古纳河流域上游年均气温变化总体趋势为波动中上升,年均气温1970年最低为-3℃,最高为2014年2.2℃,40多年间年均温度增加约0.06℃。从图3-1各个时段分析可以得出,1970—1976年、1980—1983年、1985—1987年、1992—1996年、1998—1999年、2006—2008年、2013—2016年时段为年均温度升高时期,分别增加了3.80℃、2.01℃、0.71℃、0.43℃、0.41℃、0.46℃和0.50℃;1976—1980年、1983—1985年、1987—1991年、1996—1998年、1999—2001年、2008—2013年时段为年均温度下降时期,分别降低了0.56℃、0.73℃、0.18℃、0.40℃、0.26℃和0.28℃。分析结果显示,1970—1976年和1980—1983年两个时段为年均温度升高最多的时段,1976—1980年和1983—1985年两个时段为年均温度降低最多的时段,2001—2005年为年均温度变化较少的时段。

由图3-2和表3-1可知,40多年间,额尔古纳河流域下游年均气温变化总体趋势为波动中缓慢上升,1970年年均气温最低为-6℃,最高为2015年-1.5℃,近50年年均温度增加约0.02℃。从图3-2各个时段分析可以得出,1970—1974年、1975—1976年、1985—1986年、1988—1991年、2012—2015年时段为年均温度升高时期,分别增加了0.46℃、0.85℃、0.25℃、0.65℃、0.60℃;1974—1975年、1976—1977年、1982—1985年、1986—1988年、

2007—2012年时段为年均温度下降时期,分别降低了0.30℃、0.80℃、0.35℃、0.53℃、0.33℃。分析结果显示,1975—1976年和1988—1991年两个时段为年均温度升高最高的时段,1976—1977年和1986—1988年两个时段为年均温度降低最多的时段,1992—2006年为年均温度变化较小的时段。

由额尔古纳河流域上、下游的年均温度变化特征可知,其年均温度变化趋势较为一致,且上游各时段年均温度均高于下游,增温速度也较高于下游。

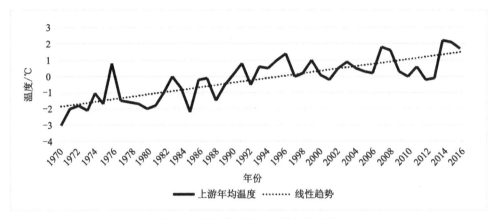

图3-1 额尔古纳河(上游)年均温度

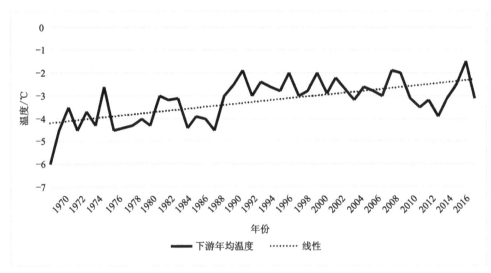

图3-2 额尔古纳河(下游)年均温度

表3-1 额尔古纳河1970—2016年年均温度

年份	上游年均温度/℃	下游年均温度/℃	年份	上游年均温度/℃	下游年均温度/℃
1970	−3	−6	1994	0.5	−2.6
1971	−2	−4.5	1995	1	−2.8
1972	−1.8	−3.5	1996	1.4	−2
1973	−2.1	−4.5	1997	0	−3

续表 3-1

年份	上游年均温度/℃	下游年均温度/℃	年份	上游年均温度/℃	下游年均温度/℃
1974	−1	−3.7	1998	0.2	−2.8
1975	−1.7	−4.3	1999	1	−2
1976	0.8	−2.6	2000	0.1	−2.9
1977	−1.5	−4.5	2001	−0.2	−2.2
1978	−1.6	−4.4	2002	0.5	−2.7
1979	−1.7	−4.3	2003	0.9	−3.2
1980	−2	−4	2004	0.5	−2.6
1981	−1.8	−4.3	2005	0.3	−2.8
1982	−1	−3	2006	0.2	−3
1983	0	−3.2	2007	1.8	−1.9
1984	−0.7	−3.1	2008	1.6	−2
1985	−2.2	−4.4	2009	0.3	−3.1
1986	−0.2	−3.9	2010	0	−3.5
1987	−0.1	−4	2011	0.6	−3.2
1988	−1.5	−4.5	2012	−0.2	−3.9
1989	−0.5	−3	2013	−0.1	−3.1
1990	0.1	−2.5	2014	2.2	−2.5
1991	0.8	−1.9	2015	2.1	−1.5
1992	−0.5	−3	2016	1.7	−3.1
1993	0.6	−2.4			

二、流域年均降水量变化特征

分析图 3-3 和表 3-2 可知,40 多年间,额尔古纳河流域上游年均降水量变化总体趋势为波动中缓慢减少,年均降水量 1985 年最少,为 150mm,最多为 1997 年的 540mm,40 多年间年均降水量减少约 30mm。从图 3-3 各个时段分析可以得出,1970—1976 年、1980—1983 年、1986—1989 年、1994—1997 年、2000—2001 年、2010—2013 年时段为年均降水量增加时期,分别增加了 140mm、220mm、240mm、300mm、120mm 和 305mm;1976—1980 年、1983—1986 年、1989—1994 年、1997—2000 年、2013—2015 年时段为年均降水量减少时期,分别降低了 160mm、210mm、240mm、360mm 和 313mm。分析结果显示,1994—1997 年和 2010—2013 年两个时段为年均降水量增加最多的时段,1997—2000 年和 2013—2015 年两个时段为年均降水量减少最多的时段,2002—2010 年为年均降水量较稳定时段,约为 230mm。

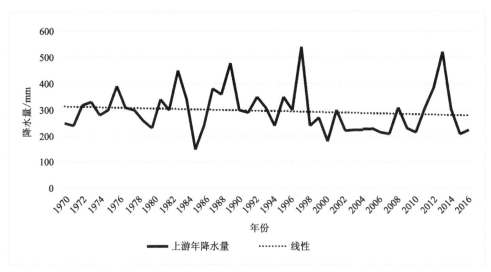

图 3-3　额尔古纳河上游年均降水量

分析图 3-4 和表 3-2 可知,40 多年间,额尔古纳河流域下游年均降水量变化总体趋势为波动中缓慢增加,年均降水量 1985 年和 2007 年最低为 250mm,最高为 2013 年的 753mm,40 多年间年均降水量增加约 50mm。从图 3-4 各个时段分析可以得出,1973—1977 年、1981—1983 年、1985—1987 年、1993—1994 年、2000—2003 年、2007—2009 年、2010—2013 年时段为年均降水量增加时期,分别增加了 140mm、110mm、280mm、140mm、60mm、223mm 和 409mm;1977—1981 年、1983—1985 年、1987—1993 年、1994—2000 年、2003—2007 年、2009—2010 年、2013—2016 年时段为年均降水量减少时期,分别降低了 80mm、250mm、290mm、130mm、160mm、223mm 和 319mm。分析结果显示,1993—1994 年和 2010—2013 年两个时段为年均降水量增加最多的时段,1987—1993 年和 2013—2016 年两个时段为年均降水量减少最多的时段。

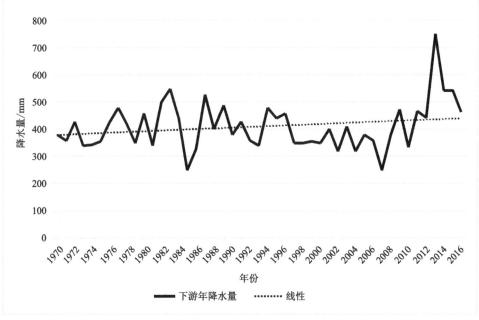

图 3-4　额尔古纳河下游年均降水量

根据额尔古纳河流域上、下游的年均降水量变化特征,上、下游年均降水量变化趋势相反,上游降水量呈持续减少趋势,下游降水量呈持续增加趋势。

表 3-2 1970—2016 年额尔古纳河流域年均降水量

年份	上游年降水量/mm	下游年降水量/mm	年份	上游年降水量/mm	下游年降水量/mm
1970	250	380	1994	240	480
1971	240	360	1995	350	440
1972	320	430	1996	300	460
1973	330	340	1997	540	350
1974	280	345	1998	240	350
1975	300	355	1999	270	355
1976	390	425	2000	180	350
1977	310	480	2001	300	400
1978	300	420	2002	220	320
1979	260	350	2003	225	410
1980	230	460	2004	227	320
1981	340	340	2005	229	380
1982	300	500	2006	215	360
1983	450	550	2007	210	250
1984	340	440	2008	310	380
1985	150	250	2009	231	473
1986	240	330	2010	216	334
1987	380	530	2011	306	468
1988	360	400	2012	383	444
1989	480	490	2013	521	753
1990	300	380	2014	303	544
1991	290	430	2015	208	546
1992	350	360	2016	224	465
1993	310	340			

第三节 地貌特征

一、流域地貌类型基本特征

以 ETM+遥感影像为数据源,结合三维影像图,同时考虑地貌分类与区域生态地质环境特征密切结合的特点,采用内动力与外动力地质作用成因方式,建立成因—成因形态—物质形态相结合的三级综合分类方案,并以内动力成因地貌为主体,外动力成因地貌为补充,解译各地貌单元的位置、范围、类别,编制地貌遥感解译图。首先按地貌形成的动力类型分为内动力和外动力两大类,其次按地貌成因类型将流域内地貌划分为构造地貌、火山地貌、流水地貌和风成地貌 4 种成因类型作为一级地貌单元(图 3-5),按成因形态进一步分为褶断侵蚀高原、褶断侵蚀山地、断(坳)陷堆积平原、熔岩台地、河谷地貌和风积平原 6 个二级地貌单元,最后按地貌的物质形态细划为砂砾质冲洪积平原、侵(冰)蚀基岩质中山、盐碱质湖积平原、玄武岩台地、泥砂质河谷平原(河床、边滩、心滩)和新月状垄岗状波状沙地等 16 个三级地貌单元(图 3-6,表 3-3)。

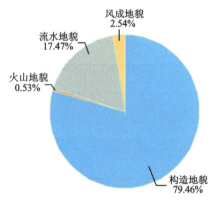

图 3-5 流域内地貌成因类型面积饼状图

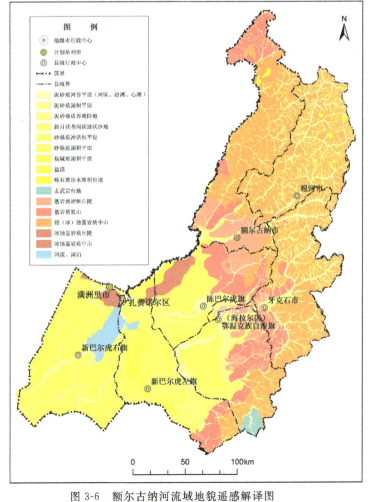

图 3-6 额尔古纳河流域地貌遥感解译图

表 3-3 地貌类型划分表

动力类型	成因	代号	成因形态	代号	物质形态	代号	面积/km²
内动力	构造地貌	I	褶断侵蚀高原	I_1	砂砾质冲洪积平原	I_{1-2}^1	2 341.53
					砂砾质湖积平原	I_{1-2}^2	39 152.57
					泥砂质湖积平原	I_{1-2}^3	4 192.42
					盐漠	I_{1-2}^7	2 603.54
					冰蚀基岩质中山	I_{1-3}^3	1 890.82
					冰蚀基岩质丘陵	I_{1-5}^5	755.70
			褶断侵蚀山地	I_2	侵(冰)蚀基岩质中山	I_{2-2}	42 974.90
					基岩质低山	I_{2-3}	14 479.70
					基岩质褶断丘陵	I_{2-4}	7 897.77
			断(坳)陷堆积平原	I_3	盐碱质湖积平原	I_{3-2}	16.02
					砂砾质冲洪积平原	I_{3-7}	957.18
					砾石质冰水堆积台地	I_{3-12}	446.07
	火山地貌	II	熔岩台地	II_1	玄武岩台地	II_{1-2}	780.18
外动力	流水地貌	III	河谷地貌	III_1	泥砂质河谷平原(河床、边滩、心滩)	III_{1-1}	25 288.32
					泥砂砾质谷坡阶地	III_{1-2}	587.26
	风成地貌	VI	风积平原	VI_1	新月状垄岗状波状沙地	VI_{1-1}	3 779.77

(一)构造地貌(I)

构造地貌是由构造作用发生而形成的一种地貌单元。从遥感图像的影像特征可以看出,本区一级构造地貌轮廓十分清楚,构成流域内地貌的大部。它们以断层为界,断层两侧地貌单元遥感图像的色调、花纹、形态轮廓和阴影特征都呈现出显著差异。由于平原区地貌单元属于内动力构造作用与外动力堆积作用的综合产物,构造作用为沉积物堆积提供空间场所,外动力作用提供物质来源,具有双成因的特点。

区内构造地貌(I)单元包括褶断侵蚀高原、褶断侵蚀山地和断(坳)陷堆积平原 3 个二级地貌单元。其中褶断侵蚀山地面积最大,占构造地貌单元的 55.52%,其次为褶断侵蚀高原,占构造地貌单元的 43.27%,面积最小的为断(坳)陷堆积平原,占构造地貌单元的 1.21%(图 3-7)。

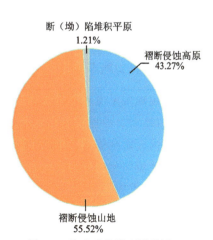

图 3-7 构造地貌类型饼状图

1. 褶断侵蚀高原（I_1）

褶断侵蚀高原地貌区位于流域内南部分地区。该地貌单元主要河流有额尔古纳河、哈拉哈河（乌尔逊河）、克鲁伦河、辉河、伊敏河、锡尼河、维特很河、海拉尔河、莫尔格勒河等，著名的呼伦湖坐落于众河流的交汇处，并且为额尔古纳河的发源地。海拔一般在500～800m之间。该地貌单元主要由以风积和冲洪积作用形成的砂砾石、细砂、粉砂和泥为主的第四纪松散堆积物构成，植被类型以草地为主。

该地貌又可根据物质形态分为砂砾质冲洪积平原、砂砾质湖积平原、泥砂质湖积平原、盐漠、冰蚀基岩质中山、冰蚀基岩质丘陵6个三级地貌单元。

2. 褶断侵蚀山地（I_2）

褶断侵蚀山地地貌区位于流域内北部大部分地区和东南部地区，该地貌单元为额尔古纳河、哈拉哈河（乌尔逊河）、克鲁伦河、鄂依那河、辉河、伊敏河、锡尼河、特尼河、维特很河、海拉尔河、莫尔格勒河、哈乌尔河、得耳布尔河、图里河、库都尔河、根河、莫尔道嘎河和激流河等河流的上游地区及发源地。海拔一般在700～1300m之间。该地貌单元主要由酸性花岗侵入岩体和火山熔岩、火山碎屑岩构成，上覆土较厚，基岩裸露较少，只在沟谷地区有基岩裸露，以沟谷侵蚀为主，植被茂密，以森林为主。

该地貌又可根据物质形态分为侵（冰）蚀基岩质中山、基岩质低山、基岩质褶断丘陵3个三级地貌单元。

3. 断（坳）陷堆积平原（I_3）

断（坳）陷堆积平原地貌区零星分布于流域内根河湿地、呼伦湖东部、哈拉哈河（乌尔逊河）、辉河、伊敏河、海拉尔河、根河、得耳布尔河附近的平缓地区和区内北部侵（冰）蚀基岩质中山地区堆积台地地区。总体地势形态平缓，海拔一般在500～600m之间和1000～1200m之间。该地貌单元主要由酸性花岗侵入岩体碎屑物、火山碎屑物和砂砾石、泥构成。著名的根河湿地坐落于此地貌单元内的砂砾质湖积平原内，上覆土较厚，基岩裸露较少，植被以草地和林地为主。

该地貌又可根据物质形态分为盐碱质湖积平原、砂砾质冲洪积平原、砾石质冰水堆积台地3个三级地貌单元。

（二）火山地貌（II）

火山地貌系由地下岩浆物质受地球内动力作用沿断裂系统喷溢到地表形成的一种地貌类型，多以熔岩台地地貌单元显示。

区内火山地貌（II）单元主要为熔岩台地1个二级地貌单元。

本地貌单元划分为玄武岩台地（II_{1-2}）1个三级地貌单元，在遥感图像上形成被状台地地形，解译标志明显。

玄武岩台地（II_{1-2}）在区内分布面积较少，只在区内的东南部地区有小面积分布，呈台状地貌显示，玄武岩台地面积约为780.18km^2。

(三)流水地貌(Ⅲ)

工作区河流众多,河流源于大兴安岭。河流蜿蜒曲折,支、主流汇合流出山区后进入褶断侵蚀高原内,构成额尔古纳河流域水系,成为区内典型的内陆河流。河流的上述特点不但揭示出流域内从北到南逐渐降低的地形特点,也揭示出流域内的气候差异。

本区河流的另一特点是区内河流受断层控制明显。由遥感图像的地质和地貌解译可以看出,有的河流沿一条断层流动,如区内的额尔古纳河。许多高原区的河流,在地表虽然看不出受断层控制的迹象,但通过地球物理资料和遥感图像解译可以看出,它的形迹明显与地表以下隐伏活断裂的展布是一致的,也证明了河流是受隐伏活断裂控制的。河流的这些现象表明,工作区的河流类型多为断层走向次成河。它揭示出工作区新断裂的存在及其活动,也揭示出本区以断层运动为主的新构造运动特征。这些断层是本工作区构造地貌划分的主要依据,也是断块构造地貌的边界。

根据本区河流地貌发育的特点,将区内流水地貌进一步划分为河谷地貌1个二级地貌单元。

河谷地貌是指现代河流侵蚀、堆积的地貌单元。该地貌分布在哈拉哈河(乌尔逊河)、克鲁伦河、辉河、伊敏河、锡尼河、海拉尔河、莫尔格勒河、鄂依那河、辉河、特尼河、哈乌尔河、得耳布尔河、图里河、库都尔河、根河、莫尔道嘎河和激流河等河流及其主要支谷中。海拔为550~700m。地形平坦,由砂、砂砾石、亚砂土及淤泥构成,具有明显的二元结构,河谷宽度视河流大小而异,一般较大河流长度为15~20km,较小河流长度为2~5km。

该地貌又可根据物质形态分为泥砂质河谷平原(河床、边滩、心滩)和泥砂砾质谷坡阶地2个三级地貌单元。

(四)风成地貌(Ⅶ)

区内风积地貌十分发育,主要有由风积作用性质形成的风积平原地貌。

风积平原(Ⅶ$_1$)地貌单元主要分布于区内的中部和西部等地区。风积地貌的形态主要为沙丘和沙垄。这里的沙丘呈圆形或椭圆形,也有的为长垅或短垅,有的沙丘孤立存在,有的连成一片波状起伏。丘长5~10m不等,坡度10°左右,有的沙丘为固定沙丘,沙丘表面有草地或耕地。

该地貌单元内根据物质形态只有新月状垄岗状波状沙地1个三级地貌单元。

二、地貌的形成与发展

任何地貌都是内、外动力共同作用的结果。地貌的形成发展过程实际上是内、外动力的作用过程和相互作用过程。当地表主要表现为内动力作用所形成的形态时,则称为构造地貌或内动力地貌。地表主要表现为外动力地质作用所塑造的形态时,则称为外动力地貌或补动力地貌。内动力是形成地貌的内因,外动力是形成地貌的外因。内动力在一定程度上制约着外动力。内动力地貌是区域地貌,是大地貌,外动力地貌是叠加于构造地貌之上的次级地貌。东北地区内动力地貌和外动力地貌类型都比较典型,地貌类型繁多,内动力地貌包括构造地貌和火山地貌,外动力地貌包括流水地貌和风成地貌。

(一)构造地貌的形成与发展

遥感调查和前人工作资料表明,本区内动力地貌主要表现为褶断侵蚀高原、褶断侵蚀山地地貌和断(坳)陷堆积平原。根据本区内动力作用的特点和剥蚀与堆积的相关性原理,本区内动力地貌的形成与发展可以划分为如下几个阶段。

1. 中生代晚期构造地貌奠基阶段

已有的地貌研究表明,目前地貌的基本轮廓奠基于新生代初。中生代晚期的构造轮廓是新生代初构造地貌形成的基础。区域地质研究表明,本区中生代开始已进入大陆边缘活动带的发生发展阶段,受太平洋板块和欧亚板块相互作用的影响,中生代早、中期,该区地壳表现为挤压作用,中生代晚期和新生代则表现为拉张作用。构造总体走向为北东向和北北东向,形成东北地区以北东向为主体的一系列褶皱断陷带和隆起带相间排列,由此奠定了以北东向为主体的一系列褶皱山地和堆积平原相间排列的地貌格局。

2. 古近纪构造地貌雏形形成阶段

进入第三纪(古近纪+新近纪)地质时期之后,地壳仍处于北西-南东的拉张作用环境中,隆升作用不明显,处于稳定的准平原化过程,产生一系列继承性张性正断层和张性断陷盆地,如海拉尔盆地等。盆地由相应的第三纪含煤地层、含硅藻土和油页岩地层形成,不整合覆盖于古近纪地层之上。

地壳在经过晚中生代相对剧烈的构造变动之后,进入古近地壳相对稳定的地质时期,内动力地质作用相对微弱,外动力地质作用明显。这一地质过程的标志是都存在夷平面。夷平面是准平原上升或下降形成的一种地貌。上升形成山地夷平面,下降形成埋藏夷平面。准平原是在地壳活动相对宁静时期经准平原化形成的一种地貌。古近纪,本区进入准平原化阶段,外动力地质作用削高补低形成新生代第一准平原面。新近纪初,本区地壳结束了古近纪的相对稳定阶段,进入地壳运动相对活跃时期。

3. 新近纪构造地貌基本形成阶段

经历了古近纪末和新近纪初的地壳活跃期后,再度进入了新近纪地壳运动相对宁静时期,外动力作用盛行,进入第二准平原阶段,削高补低形成第二准平原。至新近纪末第四纪初,本区地壳运动再度活跃,继承性构造运动使山区再度上升,本区地形起伏进一步加大。第二准平原被肢解,在上升的大兴安岭地区形成兴安期夷平面。新近纪末第四纪初在上述地区形成的夷平面称为本区的第二级夷平面。断裂西盘的大兴安岭上升,东盘下降,基本形成了当今该地区宏观构造地貌的基本形态。

4. 第四纪构造地貌进一步形成与发展阶段

本区地壳进入第四纪阶段后,继承第三纪构造运动的特点,大兴安岭继续上升并遭受剥蚀,呼伦贝尔断陷高平原持续下降,接受堆积,当代构造地貌的完整轮廓基本形成。

(二)火山地貌的形成与发展

在本区构造地貌的形成及发展过程中,无论是山区还是高原区,沿张性断裂火山活动十分频繁,几乎贯穿于整个新生代阶段。这些火山主要沿北东向与北西向两组断裂的交会点发育,以中心式喷发为主,喷溢的玄武岩浆和喷发形成的玄武质火山碎屑堆积于地表,形成一座座拔地而起的火山锥和火山盾地貌,成为本区火山地貌的一大特点。本区火山地貌和火山堆积物的形成反映出本区继承性新断裂切割深度和活动的强度。

(三)外动力地貌的形成与发展

外动力地貌的形成与发展实际上是与内动力地貌的形成与发展同步进行的,也就是说,内、外动力地貌的形成与发展是相互伴随和不可分割的。例如,在地壳上升阶段,山岳和丘陵形成时,必然会出现流水的下切,形成沟谷地貌和流水堆积地貌等。在这里将外动力地貌的形成与发展单独列为一个章节进行讨论,主要是讨论那些规模较大而且对本区环境有重大影响的外动力地貌的形成与发展,以揭示本区主要外动力地貌形成发展时的内、外动力特点。此外,还应该指出的是,有的外动力地貌,如风成地貌,它的形成与发展除了与构造地貌相关外,还受到气候等因素的控制。东北地区由于气候上南北、东西的差异,地貌分带性较明显。东北地区自北纬38°到北纬54°,南北跨纬度16°,故南北的热量分布有显著差异,因此,在讨论诸如本区的风成地貌时,涉及本区气候演变的一些过程和特点。

风成地貌包括风蚀地貌和风积地貌,在该地区虽然都有发育,但风积地貌分布的面积和规模远远大于风蚀地貌,同时两种地貌紧密相伴,交错产出。东北地区风成地貌主要分布在海拉尔高平原。

晚更新世中期(7万—3万年),在晚更新世冰期之后,沉积了一套河湖相砂、细砂层,如海拉尔的埋藏冲积层等。在晚更新世晚期,随着构造抬升作用,这套地层被剥蚀或被流水冲蚀,加之晚更新世晚期气候干凉,植被稀疏,将沉积的砂、细砂吹扬起来,并在区内南部地区堆积了风积黄土和沙土,形成广阔的风积地貌。

第四节 成土母质

一、成土母质类型

调查区内的成土母质从第四系松散岩类、沉积岩类、侵入岩类、火山岩类和变质岩类均有分布。成土母质类型主要包括冲积类、风积类、冲洪积类、湖积类、湖沼沉积类、复合成因类、化学沉积类、砂岩类、砾岩类、碳酸盐岩类、酸性侵入岩类、中性侵入岩类、基性侵入岩类、超基性侵入岩类、酸性火山熔岩类、中性火山熔岩类、基性火山熔岩类、火山碎屑岩类、低级变质岩类、中级变质岩类、高级变质岩类。区内分布面积最大的为中性火山熔岩类、酸性侵入岩类、松散堆积物复合成因类、基性火山熔岩类、松散堆积物冲积类、酸性火山熔岩类、松散堆积物湖沼沉积类、砾岩类、火山碎屑岩类、松散堆积物风积类、砂岩类和中级变质岩类,分别占区内面积的21.34%、17.71%、16.10%、13.08%、8.12%、4.88%、4.83%、3.70%、1.92%、1.72%、1.47%和1.45%,如图3-8、图3-9、表3-4所示。

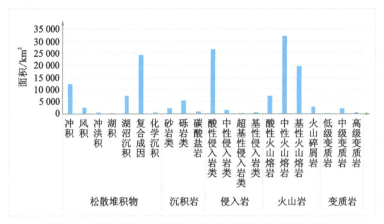

图 3-8 额尔古纳河流域成土母质不同类型面积柱状图

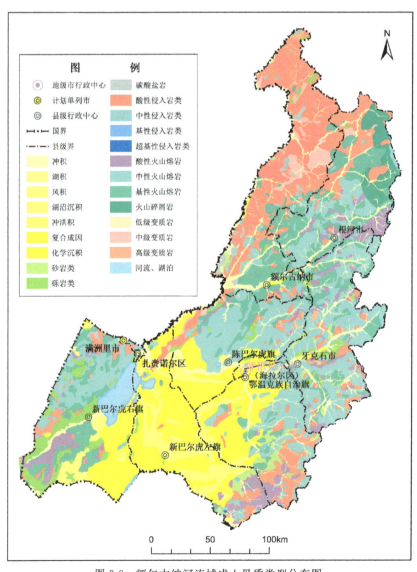

图 3-9 额尔古纳河流域成土母质类型分布图

表 3-4 额尔古纳河流域成土母质类型面积统计表

成土母质一级类	成土母质二级类	面积/km²	占比/%
松散堆积物	冲积	12 226.30	8.12
	风积	2 581.76	1.72
	冲洪积	56.06	0.04
	湖积	38.91	0.03
	湖沼沉积	7 277.32	4.83
	复合成因	24 238.27	16.10
	化学沉积	42.03	0.03
沉积岩	砾岩类	5 566.32	3.70
	砂岩类	2 218.13	1.47
	碳酸盐岩	766.30	0.51
侵入岩	酸性侵入岩类	26 657.52	17.71
	中性侵入岩类	1 384.34	0.92
	基性侵入岩类	46.65	0.03
	超基性侵入岩类	13.29	0.01
火山岩	酸性火山熔岩	7 348.87	4.88
	中性火山熔岩	32 130.46	21.34
	基性火山熔岩	19 694.62	13.08
	火山碎屑岩	2 895.03	1.92
变质岩	低级变质岩	340.84	0.23
	中级变质岩	2 180.19	1.45
	高级变质岩	447.39	0.30
水体	水体	2 388.82	1.59

中性火山熔岩类出露面积约 32 130.46km²,占区内成土母质面积的 21.34%,主要岩石类型为安山岩、安山玢岩、流纹岩、细碧岩和角斑岩。它主要分布于区内的砂砾质湖积平原和泥砂质湖积平原地貌区内。中性火山熔岩类在侵(冰)蚀基岩质中山、基岩质低山和基岩质褶断丘陵区内上覆土类型以淋溶黑钙土、棕色针叶林土、暗灰色森林土、淡黑钙土和黑钙土为主;在砂砾质湖积平原和泥砂质湖积平原地貌区内上覆土类型以暗栗钙土盐化草甸土、草原碱土和

栗钙土为主。

酸性侵入岩类出露面积约 26 657.52 km²，占区内成土母质面积的 17.71%，主要岩石类型为花岗岩、花岗斑岩、二长花岗岩和混合花岗岩。它主要分布于区内的侵（冰）蚀基岩质中山、基岩质低山、冰蚀基岩质中山和冰蚀基岩质丘陵及砂砾质湖积平原地貌区内，上覆土类型以棕色针叶林土、黑钙土和暗灰色森林土为主。酸性侵入岩类在侵（冰）蚀基岩质中山、基岩质低山、冰蚀基岩质中山和冰蚀基岩质丘陵地貌区内上覆土类型以棕色针叶林土、暗灰色森林土、黑钙土和暗灰色森林土为主；在砂砾质湖积平原地貌区内上覆土类型以暗栗钙土和栗钙土为主。

松散堆积物复合成因类出露面积约 24 238.27 km²，占区内成土母质面积的 16.10%，主要岩石类型为砾石和砂土。它主要分布于区内的砂砾质湖积平原、泥砂质湖积平原和新月状垄岗状波状沙地及盐漠地貌区内，松散堆积复合成因类上覆土在砂砾质湖积平原地貌区内上覆土类型以暗栗钙土、风积栗钙土性土、淡黑钙土、沙化栗钙土、草甸栗钙土和洪积砂砾质栗钙土为主；在泥砂质湖积平原地貌区内上覆土类型以洪积砂砾质栗钙土、黑钙土、石灰性草甸土和半固定草原风沙土为主；在新月状垄岗状波状沙地地貌区内上覆土以风积栗钙土、暗栗钙土和固定草原风沙土为主；在盐漠地貌区内上覆土类型以碱化草甸土为主。

基性火山熔岩类出露面积约 19 694.62 km²，占区内成土母质面积的 13.08%，主要岩石类型为玄武岩和安山岩。它主要分布于区内的侵（冰）蚀基岩质中山、基岩质褶断丘陵、基岩质低山和砂砾质湖积平原及泥砂质湖积平原地貌区内。基性火山熔岩类上覆土类型在侵（冰）蚀基岩质中山、基岩质褶断丘陵、基岩质低山地貌区内主要为棕色针叶林土和暗灰色森林土；在砂砾质湖积平原及泥砂质湖积平原地貌区内上覆土类型以黑钙土为主。

松散堆积物冲积类出露面积约 12 226.30 km²，占区内成土母质面积的 8.12%，主要岩石类型为砾石和砂。它主要分布于区内的泥砂质河谷平原（河床、边滩、心滩、低漫滩、牛轭湖）和泥砂质湖积平原地貌区内。松散堆积物冲积类上覆土类型在主要为泥砂质河谷平原（河床、边滩、心滩、低漫滩、牛轭湖）地貌区内上覆土类型以砂质石灰性草甸土和洪积砂砾质暗栗钙为主，在泥砂质湖积平原地貌区内上覆土类型以草甸沼泽土和壤质草甸土为主。

酸性火山熔岩类出露面积约 7 348.87 km²，占区内成土母质面积的 4.88%，主要岩石类型为流纹岩和流纹斑岩。它主要分布于区内的侵（冰）蚀基岩质中山、基岩质低山和基岩质褶断丘陵及砂砾质湖积平原地貌区内，酸性火山熔岩类在侵（冰）蚀基岩质中山、基岩质低山和基岩质褶断丘陵地貌区内上覆土类型以棕色针叶林土、黑钙土和淋溶黑钙土为主，砂砾质湖积平原地貌区内上覆土类型以栗钙土为主。

松散堆积物湖沼沉积类出露面积约 7 277.32 km²，占区内成土母质面积的 4.83%，主要岩石类型为淤泥和亚黏土。它主要分布于区内的盐漠、新月状垄岗状波状沙地和泥砂质河谷平原（河床、边滩、心滩、低漫滩、牛轭湖）及泥砂质湖积平原地貌区内。松散堆积物湖沼沉积类在盐漠地貌区内上覆土类型以盐化草甸土和固定草原风沙土为主；在新月状垄岗状波状沙地地貌区内上覆土类型以固定草原风沙土、风积栗钙土性土和半固定草原风沙土为主；在泥砂质河谷平原（河床、边滩、心滩、低漫滩、牛轭湖）地貌区内上覆土类型以砂质草甸土、草甸沼泽土、氯化物盐化草甸土、半固定草原风沙土和暗栗钙土为主；在泥砂质湖积平原地貌区内上覆土类型以半固定草原风沙土、固定草原风沙土、碱化草甸土、风积栗钙土性土和流动草原风沙土为主。

砾岩类出露面积约 5 566.32 km²，占区内成土母质面积的 3.70%，主要岩石类型为砾岩、砾岩与砂岩互层、砾岩与粉砂岩互层和砾岩与砂岩、粉砂岩、泥岩互层。它主要分布于区内的基岩质低山、侵(冰)蚀基岩质中山、基岩质褶断丘陵、冰蚀基岩质中山和泥砂砾质谷坡阶地及砂砾质湖积平原地貌区内。砾岩类上覆土类型在基岩质低山、侵(冰)蚀基岩质中山、基岩质褶断丘陵、冰蚀基岩质中山地貌区内以棕色针叶林土、黑钙土、淋溶黑钙土和暗灰色森林土为主;在泥砂砾质谷坡阶地和砂砾质湖积平原地貌区内上覆土类型以栗钙土、白干暗栗钙土和淡黑钙土为主。

火山碎屑岩类出露面积约 2 895.03km²,占区内成土母质面积的 1.92%,主要岩石类型为火山碎屑岩。它主要分布于区内的侵(冰)蚀基岩质中山地貌区内。火山碎屑岩类上覆土类型以棕色针叶林土为主。

松散堆积物风积类出露面积约 2 581.76km²,占区内成土母质面积的 1.72%,主要岩石类型为粉砂和细砂。它主要分布于区内的新月状垄岗状波状沙地、砂砾质湖积平原和泥砂质湖积平原地貌区内,松散堆积物风积类上覆土类型在新月状垄岗状波状沙地地貌区内以固定草原风沙土和半固定草原风沙土为主;在砂砾质湖积平原地貌区内上覆土类型以盐化栗钙土和草甸盐土为主;在泥砂质湖积平原地貌区内上覆土类型以栗钙土和固定草原风沙土为主。

砂岩类出露面积约 2 218.13km²,占区内成土母质面积的 1.47%,主要岩石类型为砂岩、砂岩与粉砂岩互层、砂岩、板岩和砂岩、安山岩。它主要分布于区内的基岩质低山、侵(冰)蚀基岩质中山和泥砂质湖积平原地貌区内。砂岩类上覆土类型在基岩质低山和侵(冰)蚀基岩质中山地貌区内以黑钙土和暗栗钙土为主;在泥砂质湖积平原地貌区内上覆土类型以固定草原风沙土为主。

中级变质岩类出露面积约 2 180.19km²,占区内成土母质面积的 1.45%,主要岩石类型为片岩和浅粒岩。它主要分布于区内的侵(冰)蚀基岩质中山地貌区内,中级变质岩类上覆土类型主要为棕色针叶林土和表浅棕色针叶土。

二、断裂构造

区内断裂构造比较发育,共解译出 300 多条。按其切割地壳深度和规模大小、控岩作用及展布形态可分深大断裂和一般断裂。

区内大多数断裂构造为继承性断裂,不仅控制着地貌分区、火山活动及地震活动,同时也控制着地貌特征和第四纪沉积及河流的发育。

(一)深大断裂

区内共有深大断裂 3 条,现分述如下。

1. 额尔古纳断裂带(F_1)

额尔古纳河断裂带位于中俄边境,沿额尔古纳河延伸,总体呈北北东向展布,区内长 350km。

断裂东侧,古生界构造线及中—晚海西旋回岩浆岩带的展布方向与断裂走向一致。沿断裂带岩石均遭破碎,形成 2.5km 宽的挤压破碎带,愈接近断裂岩石,遭受的动力变质作用愈强,为糜棱岩或糜棱岩化岩石,较远些则为压碎岩及碎裂岩化岩石。断裂倾向西,倾角 40°~50°,为一东抬西降兼左行扭动的压扭性断裂。

该断裂形成于加里东期,与其东部德尔布尔深断裂同步发展,对额尔古纳兴凯地槽褶皱带的形成及构造演化具有重要影响。海西中—晚期是该断裂发展时期，在断裂活动中伴有大规模酸性岩浆侵入。燕山期，继承性活动表现为构造挤压及动力变质作用。

2. 额尔齐斯-德尔布干断裂带（F_2）

该断裂带位于工作区西北部，由内蒙古延入本工作区。经碧水、塔河、依西肯向北东延入俄罗斯境内，走向北东$60°\sim70°$，工作区内长度约240km。

断裂在地貌上反映明显，其北西侧多为陡峻的高山，南东侧为平缓丘陵。航卫片上表现为一清晰的线性构造带。在区域航磁异常图上主要表现为两种不同磁场的分界线，断裂的北西侧为强烈升高的线性磁异常带；南东侧磁场强度明显降低，且无明显走向。重力场在碧水、塔河一带沿断裂产生强烈的向南西方向扭曲；莫霍面等深线在断裂处形成"S"形的同形弯曲，并在通过断裂后骤然改变分布方向。

断裂两侧在不同地段也具有不同的区域地质特征。其北东段在中生代以来北西盘相对下降，沉积了巨厚的中侏罗世火山-碎屑岩含煤建造，南东盘相对上升，出露古元古界兴华渡口群及元古宙、古生代侵入岩，断裂两侧多处见有擦痕及错动现象，局部见有角砾岩化岩石，显示为压剪性；南西段两侧的差异升降不明显，两侧均分布有晚侏罗世和早白垩世火山岩，塔河一带沿断裂有小的基性岩体分布。该断裂是蒙古弧东延主干断裂之一，内蒙古发育有蛇绿岩。

通过相关地质资料可知：该断裂形成于早海西期，早燕山期复活，晚燕山期以来渐趋稳定。

3. 伊列克得-加格达奇断裂带（F_3）

该断裂带的南西端自蒙古国延入中国内蒙古自治区，向北东经头道桥、伊利克得、鄂伦春自治旗，再向北东延入黑龙江省，总体呈北东—北北东向展布。区内长度为620km。在头道林—伊利克得一带，由数条呈北东向展布的逆断层组成断裂带。断裂通过之处，地表可见$1.5\sim2$km宽的破碎带。带内岩石片理化、糜棱岩化、绿泥石化极发育。在维那河一带，断裂带北西侧断层三角面清楚。据黑龙江省第二区调队研究，断裂带两侧不乏板块活动痕迹：断裂北西侧发育有混杂堆积。双变质带、石英闪长岩及花岗岩热轴等，在鄂伦春自治旗一带，也有蛇绿岩零星分布，说明该断裂带可能是一个古俯冲带。在区域磁场中，北东段为负磁异常，南西段异常不明显。在重力场中反映为重力异常梯级带。

自泥盆纪至石炭纪，断裂控制了南、北两侧地质发展历史进程：石炭纪，北西侧处于海盆拉张的构造环境，形成细碧角斑岩和放射虫硅质岩等，具深海相沉积建造特点；南东侧处于整体上升隆起状态，发生陆相火山喷发活动，局部有残留浅海沉积。二叠纪以后，断裂两侧进入同步发展阶段，但断裂仍有微弱活动，控制现代地貌的形成。

（二）一般断裂

区内一般断裂比较发育，规模不等，从十几至几百千米不等。方向为南北、北西、北北东、北东、东西5组。

北东向、北西向断裂以单条断裂和断裂带形式存在，具有明显的错断基岩和北北东向断裂现象，在图像上以断层沟、线性影像、直线性水系、断层陡坎、地层位移等标志显示。

北北东向断裂以单条断裂和断裂带形式存在，在图像上以线性影像、直线性水系、影像体错位等标志显示。

南北向、东西向断裂数量较少,规模小,以单条断裂形式存在,在图像上以直线性水系显示。

第五节 土壤特征

调查区内土壤土纲中淋溶土、半淋溶土、钙层土、初育土、半水成土、水成土和盐碱土均有分布。淋溶土主要分为暗棕壤和棕色针叶林土2种土类,半淋溶土主要分为灰色森林土土类,钙层土主要分为黑钙土和栗钙土2种土类,初育土主要分为粗骨土、风沙土和紫色土3种土类,半水成土主要分为草甸土土类,水成土主要分为沼泽土土类,盐碱土主要分为碱土和盐土2种土类,总共12种土类,分别占调查区总面积的 0.11%、122.27%、9.79%、18.33%、25.46%、1.13%、4.40%、0.02%、7.55%、8.22%、0.15%和 0.26%(图 3-10、图 3-11,表 3-5)。

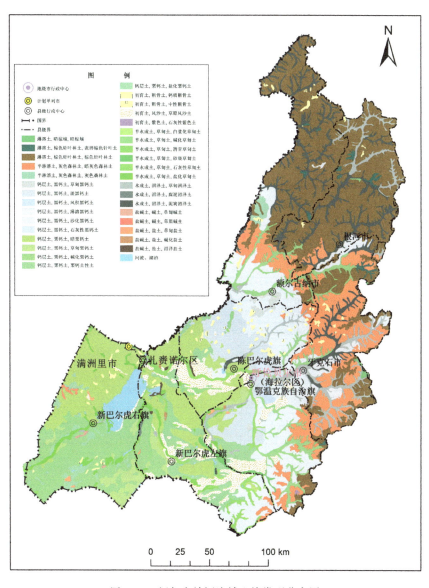

图 3-10 额尔古纳河流域土壤类型分布图

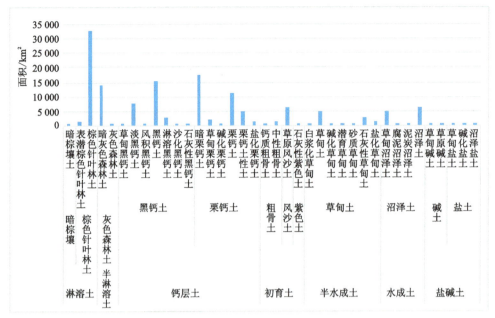

图 3-11 额尔古纳河流域土壤类型面积柱状图

表 3-5 额尔古纳河流域土壤类型统计表

土纲	土类	亚类	亚类面积/km²	土类面积/km²	土类占比/%
淋溶土	暗棕壤	暗棕壤土	165.12	165.12	0.11
	棕色针叶林土	表浅棕色针叶土	682.39	3 3510.56	22.27
		棕色针叶林土	32 828.17		
半淋溶土	灰色森林土	暗灰色森林土	14 251.67	14 738.09	9.79
		灰色森林土	486.42		
钙层土	黑钙土	草甸黑钙土	709.98	27 588.46	18.33
		淡黑钙土	7 590.89		
		风积黑钙土	307.28		
		黑钙土	15 584.30		
		淋溶黑钙土	2 909.04		
		沙化黑钙土	259.58		
		石灰性黑钙土	227.38		
	栗钙土	暗栗钙土	17 279.50	38 310.99	25.46
		草甸栗钙土	2 576.33		
		碱化栗钙土	50.49		
		栗钙土	11 599.50		
		栗钙土性土	5 315.44		
		盐化栗钙土	1 489.73		

续表 3-5

土纲	土类	亚类	亚类面积/km²	土类面积/km²	土类占比/%
初育土	粗骨土	钙质粗骨土	366.36	1 704.22	1.13
		中性粗骨土	1 337.86		
	风沙土	草原风沙土	6 629.31	6 629.31	4.40
	紫色土	石灰性紫色土	28.63	28.63	0.02
半水成土	草甸土	白浆化草甸土	31.89	11 366.12	7.55
		草甸土	5 104.25		
		碱化草甸土	560.78		
		潜育草甸土	0.00		
		砂质草甸土	575.51		
		石灰性草甸土	3 164.97		
		盐化草甸土	1 928.72		
水成土	沼泽土	草甸沼泽土	5 343.65	13 273.46	8.82
		腐泥沼泽土	81.64		
		泥炭沼泽土	1 130.03		
		沼泽土	6 718.14		
盐碱土	碱土	草甸碱土	78.80	227.25	0.15
		草原碱土	148.45		
	盐土	草甸盐土	160.81	385.76	0.26
		碱化盐土	73.90		
		沼泽盐土	151.04		
湖泊、水库			2 575.62	2 575.62	1.71
总计			150 503.60	150 503.60	100.00

一、暗棕壤

暗棕壤在区内的分布面积为 165.12km²，占区内土壤面积的 0.11%，主要分布于区内中东部地区的侵(冰)蚀基岩质中山地貌区内。暗棕壤土亚类以暗棕壤土为主，上部植被类型以乔木林地为主。

二、棕色针叶林土

棕色针叶林土在区内的分布面积为 33 510.56km²，占区内土壤面积的 22.27%，主要分布于区内北部及中部地区的侵(冰)蚀基岩质中山地貌区内。棕色针叶林土亚类以表浅棕色针叶土和棕色针叶林土为主，上部植被类型以乔木林地和少量的灌木林地为主。

三、灰色森林土

灰色森林土在区内的分布面积为 14 738.09km²，占区内土壤面积的 9.79%，主要分布于区内中北部及东部地区的侵(冰)蚀基岩质中山、基岩质低山和基岩质褶断丘陵地貌区内。灰色森林土亚类以暗灰色森林土和灰色森林土为主。侵(冰)蚀基岩质中山和基岩质低山地貌区内暗灰色森林土和灰色森林土上部植被类型以乔木林地和灌木林地为主,基岩质褶断丘陵地貌区内暗灰色森林土和灰色森林土上部植被类型以天然草地和森林沼泽为主。

四、黑钙土

黑钙土在区内的分布面积为 27 588.46km²,占区内土壤面积的 18.33%,主要分布于区内中部及中东部地区的砂砾质湖积平原、基岩质低山和基岩质褶断丘陵地貌区内。黑钙土亚类以草甸黑钙土、淡黑钙土、淋溶黑钙土、沙化黑钙土和石灰性黑钙土为主。砂砾质湖积平原地貌区内上部植被类型以天然草地、其他草地和沼泽化草甸为主,基岩质褶断丘陵和基岩质低山地貌区内上部植被类型以天然草地、灌木林地和乔木林地为主。

五、栗钙土

栗钙土在区内的分布面积为 38 310.99km²,占区内土壤面积的 25.46%,主要分布于区内南部地区的砂砾质湖积平原、泥沙质湖积平原、新月状垄岗状波状沙地和盐漠地貌区内。栗钙土亚类以暗栗钙土、草甸栗钙土、碱化栗钙土、栗钙土、栗钙土性土和盐化栗钙土为主,上部植被类型以天然草地为主。

六、粗骨土

粗骨土在区内的分布面积为 1 704.22km²,占区内土壤面积的 1.13%,零星分布于区内中部及南部地区的砂砾质湖积平原、泥沙质河谷平原(河床、边滩、心滩、低漫滩、牛轭湖)、基岩质低山和基岩质褶断丘陵地貌区内。粗骨土亚类以钙质粗骨土和中性粗骨土为主,上部植被类型以天然草地为主。

七、风沙土

风沙土在区内的分布面积为 6 629.31km²,占区内土壤面积的 4.40%,主要分布于区内中部地区的砂砾质湖积平原、泥沙质河谷平原(河床、边滩、心滩、低漫滩、牛轭湖)、砂砾质冲洪积平原和新月状垄岗状波状沙地地貌区内。风沙土亚类以草原风沙土为主,上部植被类型以天然草地为主。

八、紫色土

紫色土在区内的分布面积为 28.63km²,占区内土壤面积的 0.02%,零星分布于区内东南角地区的玄武岩台地地貌区内。风沙土亚类以草原风沙土为主,上部植被类型以天然草地为主。

九、草甸土

草甸土在区内的分布面积为 11 366.12km²,占区内土壤面积的 7.55%,主要分布于区内中部和中南部地区的泥沙质河谷平原(河床、边滩、心滩、低漫滩、牛轭湖)、砂砾质湖积平原和砂砾质冲洪积平原地貌区内。草甸土亚类以白浆化草甸土、草甸土、碱化草甸土、潜育草甸土、砂质草甸土、石灰性草甸土和盐化草甸土为主,上部植被类型以灌丛沼泽、沼泽草地、森林沼泽和内陆滩涂为主。

十、沼泽土

沼泽土在区内的分布面积为 13 273.46km²，占区内土壤面积的 8.82%，主要分布于区内中部和北部地区的泥砂质河谷平原（河床、边滩、心滩、低漫滩、牛轭湖）、砂砾质湖积平原和砂砾质冲洪积平原地貌区内。沼泽土亚类以草甸沼泽土、腐泥沼泽土和泥炭沼泽土为主，上部植被类型以灌丛沼泽、沼泽草地、森林沼泽和其他草地为主。

十一、碱土

碱土在区内的分布面积为 227.25km²，占区内土壤面积的 0.15%，零星分布于区内西南角部地区的砂砾质湖积平原地貌区内。碱土亚类以草甸碱土和草原碱土为主，上部植被类型以天然草地为主。

十二、盐土

盐土在区内的分布面积为 385.76km²，占区内土壤面积的 0.26%，零星分布于区内西南角部地区的砂砾质湖积平原地貌区内。碱土亚类以草甸碱土和草原碱土为主，上部植被类型以天然草地和其他草地为主。

第六节 河流与水系特征

额尔古纳河为中国和俄罗斯的边界河流，河流东岸为内蒙古自治区呼伦贝尔市，河流西岸为俄罗斯的赤塔州。河流长度为 970km，属山区型河流，上游平原地势开阔，牧草繁茂，是良好的天然牧场；中下游穿行于高山峡谷之中，至下游伊木河河段呈明显的山区河流特征，两岸阶地山丘植被覆盖良好。额尔古纳河流域位于内蒙古自治区东北部的呼伦贝尔盟境内，上游海拉尔河发源于大兴安岭西侧的吉鲁契那山麓，向西流至阿巴该图与达兰鄂罗木河交汇处，折向东北在恩和哈达镇附近的大司洛夫卡河河口与俄罗斯境内的石勒喀河汇合后成为黑龙江，并最终汇入太平洋水域的鄂霍茨克海。流域面积 28 万 km²。额尔古纳河流域呈南部宽、北部窄的不规则扇形，河网多集中在中南部地区，流域水系主要由额尔古纳河干流、海拉尔河、伊敏河、莫尔格勒河、克鲁伦河、辉河、锡尼河、特尼河、得耳布尔河、哈乌尔河、莫尔道嘎河、激流河和根河等河流构成（图 3-12）。

额尔古纳河上、下游流域地形差异较大，阿巴盖堆至黑山头为草原丘陵区，地形平坦，河谷开阔，多湖泊和沼泽，水流分散。自右岸根河、得尔布干河、哈乌尔河流入后水量大增。自粗鲁海图至吉拉林河段河谷变得狭窄，河中沙洲和岛屿众多，河水变深。自吉拉林以下，河水进入峡谷，河谷变窄，两岸山地陡峭，河床稳定，水流平稳，河水宽 200～300m，水深在 2.5m 以上，可以通航，且水能资源丰富。

一、海拉尔河

海拉尔河发源于牙克石市乌尔其汉镇境内大兴安岭西麓，在满洲里市东湖区北部阿巴该图山脚下转向东北，汇入额尔古纳河，是额尔古纳河的上游河段，呈东-西流向，上源为库都尔河，在乌尔其汉镇西南 8km 处与大雁河汇合后始称海拉尔河。干流全长 622km，河宽 50～200m，流域面积 5.48km²，多年平均径流量 36.62 亿 m³。上游河网发达，集中于东半部，是流域主要流区。滩地、古河道与沼泽地广布。西岸支流密布，河网结构呈树枝状，支流有大雁河、

图 3-12 额尔古纳河流域河流分布图

库都尔河、免渡河、伊敏河、莫日格勒河、特尼河等。干支流两岸为原始森林和次生林,植被良好,涵养水分作用强,是海拉尔河主要产流区。海拉尔河流域内年积雪厚度可达半米。

二、伊敏河

伊敏河发源于大兴安岭南侧的蘑菇山山麓,河长 470.10km,流域面积 22 721.70km²,自南向北流,穿越海拉尔区市中心,在海拉尔区北侧海北二桥附近汇入海拉尔河,主要主流有辉河。

三、莫尔格勒河

莫尔格勒河发源于大兴安岭西麓内蒙古自治区呼伦贝尔市陈巴尔虎旗境内,河长 319km,由东北向西南,注入呼和诺尔湖后流出,在滨洲线乌固诺尔车站附近汇入海拉尔河。

四、克鲁伦河

克鲁伦河发源于蒙古国的肯特山东麓，注入呼伦湖（达赉湖），因呼伦湖通过达兰鄂罗木河同海拉尔河相连而流入黑龙江。因此，克鲁伦河属于黑龙江水系，在中游乌兰恩格尔西端进入中华人民共和国国内。它流经呼伦贝尔盟新巴尔虎右旗，东流注入呼伦湖。流经工作区域全长 427.10km。两岸沼泽湿地多，较高的阶地上生长着优良牧草，牧业发达。11 月到次年 4 月结冰。上游用于灌溉，流送木材。沿岸牧草丰富，自古为重要农牧业地带。

五、辉河

辉河是伊敏河一级支流，位于内蒙古自治区东北部。它发源于大兴安岭中部西北侧的丛山密林中，由二十几条小河汇集于乌拉吉呼，折向西北缓缓流入呼伦贝尔草原，把大草原分为两部分，其左侧被称为巴尔虎草原，右侧则是鄂温克草原。流经工作区域全长 330.50km。流域地势为南部高、东北部低，河道婉转曲折，中、下游孕育了大面积湿地沼泽。

六、锡尼河

锡尼河是伊敏河的一级支流。它发源于大兴安岭西坡牙克石市与鄂温克族自治旗交界处巴达日山西麓，流经工作区域全长 176.50km，年结冰期 5~6 个月。自东向西流，流经锡尼河东苏木，在锡尼河东苏木东 3km 处汇入伊敏河。该河上游流经原始森林，中下游流经半干旱草原。

七、特尼河

特尼河又称特泥河，属额尔古纳河水系，是海拉尔河一级支流，发源于鄂温克族自治旗东部、新峰山西北麓，流经工作区域全长 135.60km。由东北向西南流，上游流经大兴安岭林区，下游地势平缓，河道两侧多草场，水量丰沛。经特泥河苏木在扎罗木得村北汇入海拉尔河。

八、得耳布尔河

得耳布尔河是额尔古纳河的一级支流，发源于内蒙古自治区根河市得尔布尔镇北上游岭附近的莫尔道嘎山，流经工作区域全长 302.10km。该河河道变迁频繁，沿河普遍发育有湿地和牛轭湖。自东北流向西南，流经得耳布尔镇、上护林、苏沁，于河口附近与哈乌尔河（哈乌鲁河）汇合后，在黑山头镇小河子村南汇入额尔古纳河。

九、哈乌尔河

哈乌尔河发源于大兴安岭西坡阿拉奇山脉大黑山西北麓，流经工作区域全长 198.60km。哈乌尔河自发源地由东北向西南流淌，于黑山头古城北 5km 处与得尔布尔河相遇后共同汇入额尔古纳河。

十、莫尔道嘎河

莫尔道嘎河为额尔古纳河一级支流，发源于大兴安岭西麓，额尔古纳市莫尔道嘎镇永红林场。流经工作区域全长 166.30km。整体呈东南向西北流，穿越莫尔道嘎镇，在额尔古纳市蒙兀室韦苏木平安附近汇入额尔古纳河。

十一、激流河

激流河又名贝尔茨河,古称牛耳河、白子河、贝斯尔得河、贝斯特拉雅河、契丹伊拉雅河。它属于额尔古纳河一级支流,是中国北部大兴安岭原始林区水面最宽、弯道最多、落差最大的原始森林河流。它发源于大兴安岭西北麓的三望山,激流河上源为牛耳河,与金河汇合后始称激流河,流经工作区域全长 683.30km。上游呈东西流向,在原牛耳河林场北 1km 处与南北流向的金河汇合后,呈南北流向至敖鲁古雅河口,由敖鲁古雅河口流向转西南,在恩格仁河口转西北流,于岭后田登科附近汇入额尔古纳河。

十二、根河

根河为额尔古纳河最大的支流之一,发源于内蒙古自治区根河市境内大兴安岭北段西坡伊吉奇山西南侧。流经工作区域全长 552km。自东北向西南流经根河市、额尔古纳市和陈巴尔虎旗,于四卡北 12km 处汇入额尔古纳河。沿河两岸原始森林密布,动植物资源丰富。其主要支流有图里河、伊图里河、依根河等。

第四章 流域生态地质环境现状及变化特征

第一节 林地分布现状及变化特征

一、林地三期分布特征

(一) 1975 年林地分布特征

1975 年区域内林地总面积 61 999.25km², 占区域总面积的 40%。区域内乔木林地、灌木林地和其他林地三级类均有分布。乔木林地分布面积最广, 面积为 60 508.49km², 占林地总面积的 98%; 灌木林地分布面积为 876.94km², 占林地总面积的 1%; 其他林地分布面积最小, 面积为 613.82km², 占林地总面积的 1%。

在空间分布上, 乔木林地分布地域比较广泛, 主要分布在额尔古纳市的北部地区、根河市、鄂伦春自治旗的东部和北部地区。灌木林地和其他林地的分布面积较小, 零散分布在额尔古纳市中部、牙克石市、鄂伦春自治旗西部和南部、海拉尔区西部、陈巴尔虎旗东部、新巴尔虎左旗东南部(图 4-1)。

(二) 2000 年林地分布特征

2000 年区域内林地总面积 61 983.38km², 占区域总面积的 40%。区域内乔木林地、灌木林地和其他林地三级类均有分布。乔木林地分布面积最广, 面积为 60 496.81km², 占林地总面积的 98%; 灌木林地分布面积为 875.98km², 占林地总面积的 1%; 其他林地分布面积最小, 面积为 610.59km², 占林地总面积的 1%。

在空间分布上, 乔木林地分布地域比较广泛, 主要分布在额尔古纳市的北部地区、根河市、鄂伦春自治旗的东部和北部地区。灌木林地和其他林地的分布面积较小, 零散分布在额尔古纳市中部、牙克石市、鄂伦春自治旗西部和南部、海拉尔区西部、陈巴尔虎旗东部、新巴尔虎左旗东南部(图 4-2)。

(三) 2016 年林地分布特征

2016 年区域内林地总面积 61 973.31km², 占区域总面积的 40%。区域内乔木林地、灌木林地和其他林地三级类均有分布。乔木林地分布面积最广, 面积为 60 489.06km², 占林地总面积的 98%; 灌木林地分布面积为 873.85km², 占林地总面积的 1%; 其他林地分布面积最小, 面积为 610.4km², 占林地总面积的 1%。

图 4-1 1975 年林地类型分布图

在空间分布上,乔木林地分布地域比较广泛,主要分布在额尔古纳市的北部地区、根河市、鄂伦春自治旗的东部和北部地区。灌木林和其他林地分布面积较小,零散分布在额尔古纳市中部、牙克石市、鄂伦春自治旗西部和南部、海拉尔区西部、陈巴尔虎旗东部、新巴尔虎左旗东南部(图4-3)。

图 4-2 2000 年林地类型分布图

二、林地动态变化特征

（一）1975—2000 年林地动态变化特征

1975—2000 年期间，工作区内林地资源总面积呈缩减趋势，缩减面积 15.87km²，面积变化较小，主要是乔木林地类型的林地面积减少，减少了 11.68km²。

（二）2000—2016 年林地动态变化特征

2000—2016 年期间，工作区内林地资源总面积呈缩减趋势，缩减面积 10.07km²，较 1975—2000 年缩减趋势有所减缓，主要是乔木林地类型的林地面积减少，减少了 7.75km²（图 4-4）。

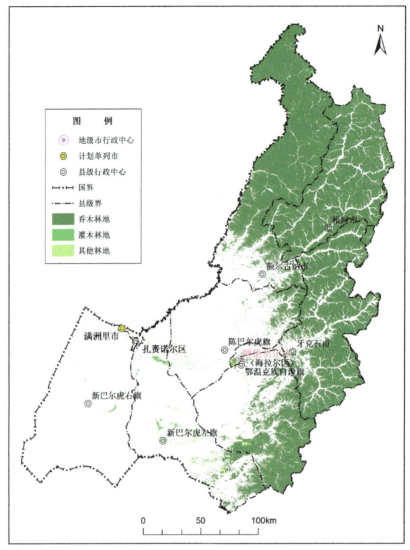

图 4-3 2016 年林地类型分布图

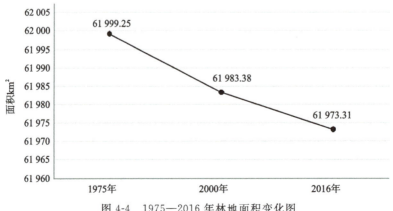

图 4-4 1975—2016 年林地面积变化图

第二节 草地分布现状及变化特征

一、草地三期分布特征

(一)1975年草地分布特征

1975年区域内草地总面积65 560.47km²,占区域总面积的42.29%。区域内人工牧草地、天然牧草地和其他草地三级类均有分布。天然牧草地分布面积最广,分布面积为61 951.17km²,占草地总面积的94.49%;人工牧草地分布面积最小,分布面积为196.84km²,占草地总面积的0.3%;其他草地,分布面积为3 412.46km²,占草地总面积的5.21%。

在空间分布上,天然牧草地大多集中分布在陈巴尔虎旗、新巴尔虎右旗、新巴尔虎左旗和鄂温克族自治旗的西部、北部地区,额尔古纳市的南部也有少量分布。人工牧草地和其他草地分布范围小,分布较不集中,人工牧草地小范围分布在鄂温克族自治旗的北部、东部地区和新巴尔虎左旗的东北部地区,其他草地零散分布在新巴尔虎左旗的中部地区和额尔古纳市的西南部地区(图4-5)。

1. 陈巴尔虎旗

陈巴尔虎旗作为牧业四旗之一,行政区内草地总面积12 844.62km²,占工作区内草地总面积的19.59%。天然牧草地分布面积12 663.53km²,人工牧草地7.49km²,其他草地分布面积173.6km²。

2. 额尔古纳市(南部)

额尔古纳市(南部)气候湿润,降水量较为丰富,自然条件优越,行政区内草地总面积4 263.27km²,占工作区内草地总面积的6.5%。天然牧草地分布面积3 176.5km²,人工牧草地面积分布较小,仅1.6km²,其他草地分布面积1 085.17km²。

3. 鄂温克族自治旗

鄂温克族自治旗作为牧业四旗之一,行政区内草地总面积9 398.9km²,占工作区内草地总面积的14.34%。天然牧草地分布面积8 953.19km²,人工牧草地分布面积152.81km²,其他草地分布面积292.9km²。

4. 新巴尔虎右旗

新巴尔虎右旗作为牧业四旗之一,行政区内草地总面积22 404.99km²,占工作区草地总面积的34.17%。天然牧草地分布面积22 009.07km²,人工牧草地分布面积8.3km²,其他草地分布面积387.62km²。

5. 新巴尔虎左旗

新巴尔虎左旗作为牧业四旗之一,行政区内草地总面积15 030.16km²,占工作区草地总面积的22.93%。天然牧草地分布面积13 600.31km²,人工牧草地分布面积26.19km²,其他草地分布面积1 403.66km²。

除以上主要草地分布行政区外,鄂伦春自治旗、根河市、海拉尔区、牙克石市也有部分草地资源分布。

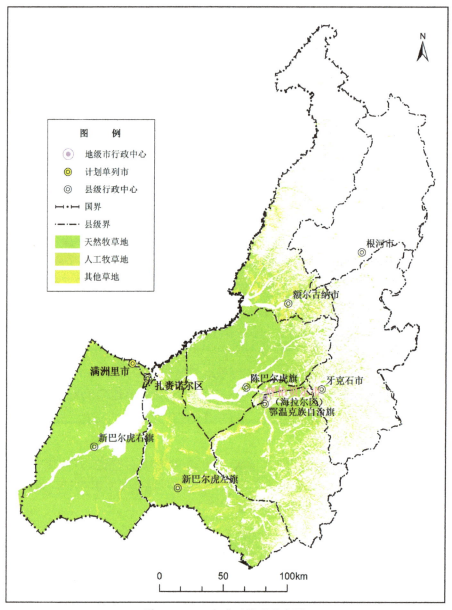

图 4-5 1975 年草地类型分布图

（二）2000 年草地分布特征

2000 年区域内草地总面积 64 605.94km², 占区域总面积的 41.68%, 区域内人工牧草地、天然牧草地和其他草地三级类均有分布。天然牧草地分布面积最广, 分布面积为 61 067.17km², 占草地总面积的 94.52%; 人工牧草地分布面积最小, 分布面积为 187.24km², 占草地总面积的 0.3%; 其他草地, 分布面积为 3 350.11km², 占草地总面积的 5.19%。

在空间分布上, 天然牧草地分布范围最广, 占工作区总面积的 39.4%, 天然牧草地大多集中分布在陈巴尔虎旗、新巴尔虎右旗、新巴尔虎左旗和鄂温克族自治旗的西部、北部地区, 额尔古纳市的南部也有少量分布。人工草地零散分布在鄂温克族自治旗的东北部和新巴尔虎左旗的东北部。其他草地分布在新巴尔虎左旗的中部地域和额尔古纳市的西南部地区(图4-6)。

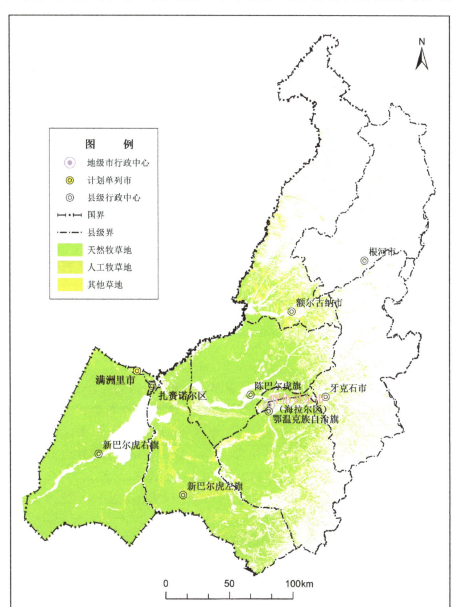

图 4-6 2000 年草地类型分布图

1. 陈巴尔虎旗

陈巴尔虎旗作为牧业四旗之一,行政区内草地总面积 12 640.92km^2,占工作区内草地总面积的 19.57%。天然牧草地分布面积 12 460.28km^2,人工牧草地分布面积 6.38km^2,其他草地分布面积 174.26km^2。

2. 额尔古纳市(南部)

额尔古纳市(南部)气候湿润,降水量较为丰富,自然条件优越,行政区内草地总面积 3 877.39km^2,占工作区内草地总面积的 6%。天然牧草地分布面积 2 879.93km^2,人工牧草地面积分布较小,仅为 1.61km²,其他草地分布面积 995.85km²。

3. 鄂温克族自治旗

鄂温克族自治旗作为牧业四旗之一,行政区内草地总面积 9 281.13km²,占工作区内草地总面积的 14.37%。天然牧草地分布面积 8 838.7km²,人工牧草地分布面积 147.07km²,其他草地分布面积 295.36km²。

4. 新巴尔虎右旗

新巴尔虎右旗作为牧业四旗之一,行政区内草地总面积 22 388.86km²,占工作区内草地总面积的34.65%。天然牧草地分布面积 21 991.51km²,人工牧草地分布面积 8.33km²,其他草地分布面积 389.02km²。

5. 新巴尔虎左旗

新巴尔虎左旗作为牧业四旗之一,行政区内草地总面积 14 834.58km²,占工作区内草地总面积的22.96%。天然牧草地分布面积 13 389.38km²,人工牧草地分布面积 24.81km²,其他草地分布面积 1 420.39km²。

除以上主要草地分布行政区外,鄂伦春自治旗、根河市、海拉尔区、牙克石市也有部分草地资源分布。

(三)2016 年草地分布特征

2016 年区域内草地总面积 64 396km²,占区域总面积的 41.54%,区域内人工牧草地、天然牧草地和其他草地三级类均有分布。其中,天然牧草地分布面积最广,分布面积为 60 875.03km²,占草地总面积的 94.53%;人工牧草地分布面积最小,分布面积为 189.67km²,占草地总面积的 0.29%;其他草地分布面积为 3 331.3km²,占草地总面积的 5.17%。

在空间分布上,天然牧草地分布范围最广,占工作区总面积的 39.27%,人工草地零散分布在鄂温克族自治旗的东北部和新巴尔虎左旗的东北部。其他草地分布在新巴尔虎左旗的中部地域和额尔古纳市的南部地区(图 4-7)。

1. 陈巴尔虎旗

陈巴尔虎旗作为牧业四旗之一,区域内草地总面积 12 560.79km²,占工作区内草地总面积的19.51%。天然牧草地分布面积 12 380.09km²,人工牧草地分布面积 6.47km²,其他草地分布面积 174.23km²。

2. 额尔古纳市(南部)

额尔古纳市(南部)气候湿润,降水量较为丰富,自然条件优越,区域内草地总面积 3 798.47km²,占工作区内草地总面积的 5.9%。天然牧草地分布面积 2 810.89km²,人工牧草地分布面积较小,仅为 1.6km²,其他草地分布面积 985.97km²。

3. 鄂温克族自治旗

鄂温克族自治旗作为牧业四旗之一,区域内草地总面积 9 278.7km²,占工作区内草地总面积的 14.41%。天然牧草地分布面积 8 834.55km²,人工牧草地分布面积 147.99km²,其他草地分布面积 296.16km²。

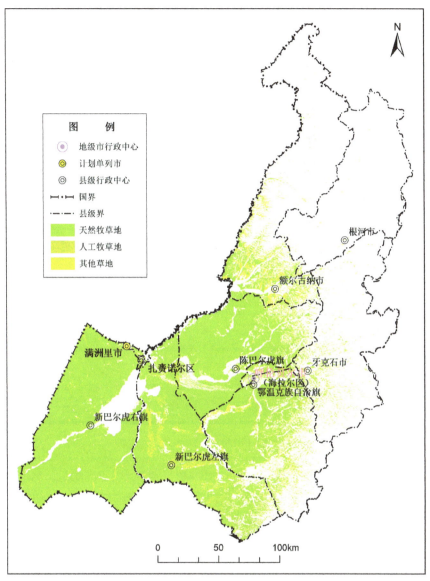

图 4-7 2016年草地类型分布图

4. 新巴尔虎右旗

新巴尔虎右旗作为牧业四旗之一,区域内草地总面积 22 357.76 km², 占工作区内草地总面积的 34.72%。天然牧草地分布面积 21 959.15 km², 人工牧草地分布面积 8.33 km², 其他草地分布面积 390.28 km²。

5. 新巴尔虎左旗

新巴尔虎左旗作为牧业四旗之一,区域内草地总面积 14 919.22 km², 占工作区内草地总面积的 23.01%。天然牧草地分布面积 13 385.28 km², 人工牧草地分布面积 224.81 km², 其他草地分布面积 1 409.13 km²。

除以上主要草地分布行政区外,鄂伦春自治旗、根河市、海拉尔区、牙克石市也有部分草地资源分布。

二、草地动态变化特征

(一)1975—2000年草地动态变化特征

1975—2000年期间,工作区内草地资源总面积减少,减少了954.53km²,其中天然牧草地减少面积最大,减少了884km²,人工牧草地面积减少8.18km²,其他草地面积减少62.35km²(图4-8)。

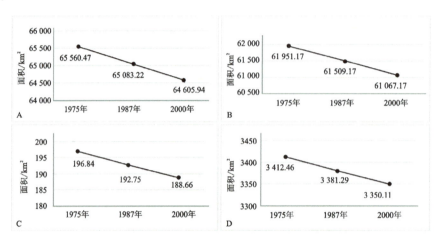

图4-8 1975—2000年草地动态变化特征
A.草地;B.天然牧草地;C.人工牧草地;D.其他草地

(二)2000—2016年草地动态变化特征

2000—2016年期间,工作区内草地资源总面积整体减少了209.94km²,但是人工牧草地面积增加了1.01km²,天然牧草地面积减少了192.14km²,其他草地面积减少了18.81km²,整体减少趋势较1975—2000年有所好转(图4-9)。

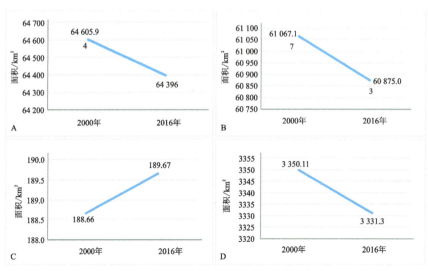

图4-9 2000—2016年草地动态变化特征
A.草地;B.天然牧草地;C.人工牧草地;D.其他草地

(三)1975—2016年行政区内草地动态变化特征

在行政区分布上,陈巴尔虎旗、额尔古纳市、新巴尔虎左旗有较大面积的草地减少,在鄂伦春自治旗、根河市、牙克石市出现小范围草地面积的增加(图 4-10)。

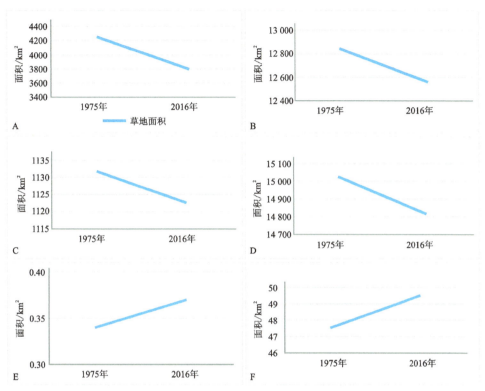

图 4-10　1975—2016年行政区内草地面积动态变化特征
A.额尔古纳市;B.陈巴尔虎旗;C.牙克石市;D.新巴尔虎左旗;E.鄂伦春自治旗;F.根河市

第三节　湿地分布现状及变化特征

一、湿地三期分布特征

(一)1975年湿地分布特征

流域内湿地总面积约 7 356.57km², 约占流域总面积的 4.75%。流域内天然湿地和人工湿地一级类均有分布。天然湿地分布面积约 7 321.79km², 人工湿地分布面积约 34.78km²。其中,天然湿地二级类主要有河流湿地、湖泊湿地和沼泽湿地 3 种类型。流域内湿地二级类主要以河流湿地和湖泊湿地分布面积最多,面积分别约为 3 141.27km² 和 2 605.95km², 约占流域内湿地总面积的 41.00% 和 34.00%。其次为沼泽湿地,面积约为 1 574.57km², 约占流域内湿地总面积的 21.00%,人工湿地分布面积最小,面积约为 34.78km², 约占流域内湿地总面积的 1.00%(图 4-11)。

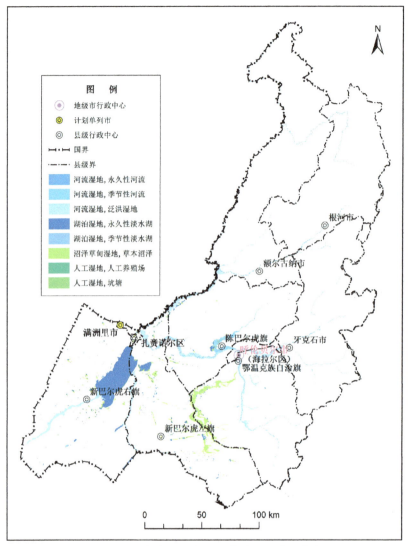

图 4-11　额尔古纳河流域 1975 年度湿地类型分布图

1. 河流湿地

额尔古纳河流域内河流湿地发育有泛洪湿地、永久性河流和季节性河流 3 类三级类型。集中分布在克鲁伦河、额尔古纳河、乌尔逊河、海拉尔河、莫尔格勒河、伊敏河、锡尼河、根河和得耳布尔河等主要河流现代河床附近;从分布的行政区来看,主要分布于新巴尔虎右旗、新巴尔虎左旗、鄂温克族自治旗、陈巴尔虎旗、额尔古纳市和根河市,面积约 3 141.27km²,占流域湿地总面积的 41.00%。

从三级类型分布面积来看,以洪泛湿地为主,面积约 2 359.03km²,占全流域河流湿地总面积的 75.10%;其次为季节性河流湿地,面积约 525.80km²,占全流域河流湿地总面积的 16.74%;永久性河流湿地面积最小,约 256.44km²,占全流域河流湿地总面积的 8.16%。

2. 湖泊湿地

额尔古纳河流域内湖泊湿地发育有永久性淡水湖和季节性淡水湖两类三级类型。从分布面积上来看,主要为永久性淡水湖,面积约为 2 502.87km²,占全流域湖泊湿地面积的 96.04%,其主要分布于区内的呼伦湖、海拉尔河与额尔古纳河交汇处、莫尔格勒河与海拉尔河交汇处附近和新巴尔虎左旗中部地区。季节性淡水湖分布面积较小,面积约为 103.08km²,占全流域湖泊湿地面积的 3.96%,主要分布于区内呼伦湖周围及呼伦湖上游的盐漠地貌区内。

3. 沼泽湿地

额尔古纳河流域内沼泽湿地以草本沼泽三级类为主,分布面积约为 1 574.57km²,主要分布于区内的辉河河流周围地区。

4. 人工湿地

额尔古纳河流域内人工湿地主要有坑塘和淡水养殖场两类三级类型。从分布面积上来看,分布面积最大的为淡水养殖场,面积约为 31.91km²,占全流域人工湿地面积的 91.75%,主要分布于区内的新巴尔虎右旗、新巴尔虎左旗、牙克石市等地区。坑塘分布面积较小,面积约为 2.87km²,占全流域人工湿地面积的 8.25%,主要分布于区内鄂温克族自治旗境内的辉河周围地区。

(二)2000 年湿地分布特征

流域内湿地总面积约 7 351.15km²,约占流域总面积的 4.74%。流域内天然湿地和人工湿地一级类均有分布。天然湿地分布面积约 7 345.89km²,人工湿地分布面积约 5.26km²。其中,天然湿地二级类主要有河流湿地、湖泊湿地和沼泽湿地 3 种类型。流域内湿地二级类主要以河流湿地和湖泊湿地分布面积最大,面积分别约为 3 089.63km² 和 2 837.75km²,约占流域内湿地总面积的 42.03% 和 38.60%。其次为沼泽湿地,面积约 1 418.52km²,约占流域内湿地总面积的 19.30%。人工湿地分布面积最小,面积约为 5.26km²,约占流域内湿地总面积的 0.07%(图 4-12)。

1. 河流湿地

额尔古纳河流域内河流湿地发育有洪泛湿地、永久性河流和季节性河流三类三级类型。集中分布在克鲁伦河、额尔古纳河、乌尔逊河、海拉尔河、莫尔格勒河、伊敏河、锡尼河、根河和得耳布尔河等主要河流现代河床附近;从分布的行政区来看,主要分布于新巴尔虎右旗、新巴尔虎左旗、鄂温克族自治旗、陈巴尔虎旗、额尔古纳市和根河市 6 旗(市),面积约 3 089.63km²,占流域湿地总面积的 42.03%。

从三级类型分布面积来看,以洪泛湿地为主,面积约 2 683.71km²,占全流域河流湿地总面积的 86.86%;其次为永久性河流湿地,面积约 213.81km²,占全流域河流湿地总面积的 6.92%;季节性河流湿地面积最小,面积约 192.11km²,占全流域河流湿地总面积的 6.22%。

2. 湖泊湿地

额尔古纳河流域内湖泊湿地发育有永久性淡水湖和季节性淡水湖两类三级类型。从分布面积上来看,它主要为永久性淡水湖,面积约为 2 654.47km²,占全流域湖泊湿地面积的 94.00%。它主要分布于区内的呼伦湖、海拉尔河与额尔古纳河交汇处、莫尔格勒河与海拉尔河交汇处附近和新巴尔虎左旗中部地区。季节性淡水湖分布面积较小,面积约为 183.28km²,占全流域湖泊湿地面积的 6.00%,主要分布于区内呼伦湖周围及呼伦湖上游的盐漠地貌区内。

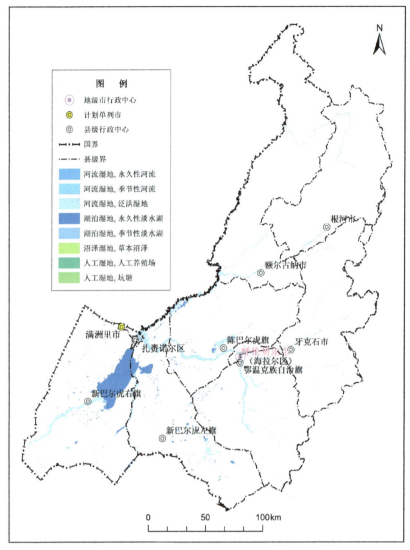

图 4-12　额尔古纳河流域 2000 年度湿地类型分布图

3. 沼泽湿地

额尔古纳河流域内沼泽湿地主要以草本沼泽三级类为主,分布面积约为 1 418.52km²,主要分布于区内的辉河河流周围地区。

4. 人工湿地

额尔古纳河流域内人工湿地主要有坑塘和淡水养殖场两类三级类型。从分布面积上来看,分布面积最多的为淡水养殖场,面积约为 4.95km²,占全流域人工湿地面积的 94.00%。它主要分布于区内的呼伦湖东南部、鄂温克族自治旗伊敏河镇西部和新巴尔虎左旗东南部地区。坑塘分布面积较小,面积约为 0.30km²,占全流域人工湿地面积的 6.00%,主要分布于区内鄂温克族自治旗伊敏河镇西部地区。

(三) 2016年湿地分布特征

流域内湿地总面积约 7 348.56 km²,约占流域总面积的 4.74%。流域内天然湿地和人工湿地一级类均有分布,天然湿地分布面积约 7 315.86 km²,人工湿地分布面积约 33.39 km²。其中,天然湿地二级类主要有河流湿地、湖泊湿地和沼泽湿地 3 种类型。流域内湿地二级类主要以河流湿地和湖泊湿地分布面积最多,面积分别约为 3 034.82 km² 和 2 510.01 km²,约占流域内湿地总面积的 41.29% 和 34.15%,其次为沼泽湿地,面积约 1 770.34 km²,约占流域内湿地总面积的 24.09%,人工湿地分布面积最小,面积约为 33.39 km²,约占流域内湿地总面积的 0.45%(图 4-13)。

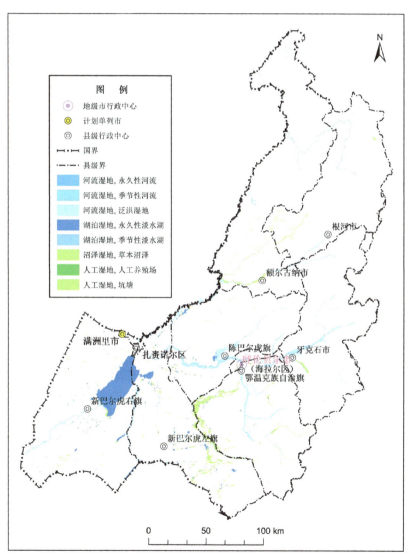

图 4-13 额尔古纳河流域 2016 年度湿地类型分布图

1. 河流湿地

额尔古纳河流域内河流湿地发育有洪泛湿地、永久性河流和季节性河流三类三级类型。

集中分布在克鲁伦河、额尔古纳河、乌尔逊河、海拉尔河、莫尔格勒河、伊敏河、锡尼河、根河和得耳布尔河等主要河流现代河床附近。从分布的行政区来看，主要分布于新巴尔虎右旗、新巴尔虎左旗、鄂温克族自治旗、陈巴尔虎旗、额尔古纳市和根河市6旗(市)，面积约3 034.82 km²，占流域湿地总面积的40.23%。

从三级类型分布面积来看，以洪泛湿地为主，面积约2 621.71 km²，占全流域河流湿地总面积的86.39%；其次为季节性河流湿地，面积约225.62 km²，占全流域河流湿地总面积的7.43%；永久性河流湿地面积最小，约187.49 km²，占全流域河流湿地总面积的6.18%。

2. 湖泊湿地

额尔古纳河流域内湖泊湿地发育有永久性淡水湖和季节性淡水湖两类三级类型。从分布面积上来看，主要为永久性淡水湖，面积约为2 510.01 km²，占全流域湖泊湿地面积的97.26%，主要分布于区内的呼伦湖、海拉尔河与额尔古纳河交汇处、莫尔格勒河与海拉尔河交汇处附近和新巴尔虎左旗中部地区。季节性淡水湖分布面积较小，面积约为68.82 km²，占全流域湖泊湿地面积的2.74%，主要分布于区内呼伦湖周围及呼伦湖上游的盐漠地貌区内。

3. 沼泽湿地

额尔古纳河流域内沼泽湿地主要以草本沼泽三级类为主，分布面积约为1 770.34 km²，主要分布于区内的辉河周围地区。

4. 人工湿地

额尔古纳河流域内人工湿地主要有坑塘、水库、淡水养殖场、采矿挖掘积水区和城市景观水面五类三级类型。从分布面积上来看，分布面积最大的为水库，面积约为17.18 km²，占全流域人工湿地面积的51.47%，主要分布于鄂温克族自治旗区内东部地区的伊敏河与维特很河交汇处下游地区。其次为淡水养殖场和坑塘，面积分别为6.81 km²和7.27 km²，分别占全流域人工湿地面积的20.40%和21.78%，主要分布于区内新巴尔虎右旗北部、满洲里市、牙克石市、陈巴尔虎旗南部和鄂温克族自治旗中部伊敏河周围地区。采矿挖掘积水区和城市景观水面分布面积最小，面积分别为1.71 km²和0.41 km²，分别占全流域人工湿地面积的5.12%和1.23%，主要分布于区内陈巴尔虎旗南部莫尔格勒河与海拉尔河交汇地区和满洲里市区及呼伦贝尔市区等地区。

二、湿地动态变化特征

根据1975年、2000年和2016年三期两个时段的湿地变化遥感统计数据，流域内湿地呈双向变化，既有增加，也有减少，总体呈减少之势。1975—2016年湿地面积从1975年的7 356.57 km²增加到2016年的7 348.56 km²，总减少面积约为8.01 km²。其中，河流湿地呈持续减少趋势，总减少面积106.46 km²；湖泊湿地总体呈减少趋势，总减少面积95.93 km²；沼泽湿地呈增加趋势，总增加面积195.77 km²；人工湿地总体呈减少趋势，总减少面积1.40 km²。

（一）1975—2000年湿地变化特征

根据1975—2000年时段湿地变化遥感统计数据，流域内湿地类型呈双向变化，既有增加也有减少，总体为持续减少之势。总减少面积约为5.42 km²，占流域总面积的0.003%，年均减少面积约为0.22 km²。河流湿地总体减少了51.64 km²，其中永久河流减少了42.63 km²；季节性河流减少了 333.69km², 洪泛湿地增加了 324.68km²。湖泊湿地总体增加了 231.80km², 其中永久性淡水湖增加了 151.60km²；季节性淡水湖增加了 80.20km²。沼泽湿地三级类为草本沼泽, 总体减少了 156.05km²。人工湿地总体减少了 29.53km², 其中坑塘减少了 2.57km²；淡水养殖场减少了 26.96km²。

河流湿地面积减少主要为季节性河流, 减少面积约 333.69km², 年均减少面积为 13.35km², 减少区域主要位于流域内南部地区的莫尔格勒中下游段、鄂依那河和海拉尔河等地区；永久性河流减少面积较少, 减少面积约为 42.63km², 年均减少面积为 1.71km², 减少区域主要位于流域内南部地区的海拉尔河、伊敏河和根河等地区；洪泛湿地为增加, 增加面积约为 324.68km², 年均增加面积约为 12.99km², 增加区域主要位于克鲁伦河、乌尔逊河、海拉尔河和伊敏河等地区。湖泊湿地面积增加主要为永久性淡水湖和季节性淡水湖, 增加面积分别约为 151.60 km² 和 80.20km², 年均增加面积分别为 6.06km² 和 3.21km², 增加区域主要位于新巴尔虎右旗中北部、新巴尔虎左旗、鄂温克族自治旗和陈巴尔虎旗南部等地区。沼泽湿地主要为草本沼泽减少, 减少面积约为 156.05km², 年均减少面积为 6.24km², 减少区域主要位于新巴尔虎右旗、新巴尔虎左旗、陈巴尔虎旗和鄂温克族自治旗等地区。人工湿地面积减少主要为淡水养殖场, 减少面积约为 26.96km², 年均减少面积为 1.08km², 减少区域主要位于牙克石市和陈巴尔虎旗等地区；坑塘减少面积较少, 减少面积约为 2.57km², 年均减少面积为 0.10km², 减少区域主要位于伊敏河中段河流两侧等地区。

通过对 1975 年和 2000 年两期的湿地与林地、草地和人类活动变化特征进行叠加分析, 我们发现湿地类型内部转换、湿地与草地和林地转变是额尔古纳河流域内湿地变化的主要形式。

1975—2000 年时段, 河流湿地总体为减少, 其中永久河流在该时段为减少, 减少区域主要转化为季节性河流和洪泛湿地；季节性河流在该时段为减少, 减少区域主要转化为洪泛湿地和草本沼泽；洪泛湿地在该时段为增加, 增加区域主要由永久河流和季节性河流转化而来。湖泊湿地总体为增加, 其中永久性淡水湖在该时段为增加, 增加区域主要为季节性淡水湖和草本沼泽转化而来, 季节性淡水湖增加区域主要由天然草地和草本沼泽转化而来。沼泽湿地总体为减少, 沼泽湿地减少主要为草本沼泽减少区域, 减少区域主要转化为永久性淡水湖和季节性淡水湖。人工湿地总体为增加, 坑塘和淡水养殖场增加区域主要由洪泛湿地和草本沼泽转化而来。

(二) 2000—2016 年湿地变化特征

根据 2000—2016 年时段湿地变化遥感统计数据, 流域内湿地类型呈双向变化, 既有增加也有减少, 总体为减少之势。总减少面积约为 2.59km², 占流域总面积的 0.002%, 年均减少面积约为 0.10km²。河流湿地总体减少了 54.81km², 其中永久河流减少了 26.32km²; 季节性河流增加了 33.51km²; 洪泛湿地减少了 62.00km²。湖泊湿地总体减少了 327.73km², 其中永久性淡水湖减少了 213.27km²; 季节性淡水湖减少了 114.46km²。沼泽湿地三级类为草本沼泽, 总体增加了 351.82km²。人工湿地总体增加了 19.16km²。其中, 坑塘增加了 6.97km², 淡水养殖场增加了 2.56km², 水库增加了 7.51km², 采矿挖掘积水区增加了 1.71km², 城市景观水面增加了 0.41km²。

河流湿地面积减少主要为永久性河流, 减少面积约 26.32km², 年均减少面积为 1.65km², 减少区域主要位于伊敏河中游段、辉河中游段、莫尔格勒河下游段和根河中游段等地区；季节性河流为增加,增加面积约为33.51km²,年均增加面积为2.09km²,增加区域主要位于得耳布尔河支流、根河支流、莫尔格勒河下游段、伊敏河中段河和辉河中段等地区;洪泛湿地为减少,减少面积约62.00km²,年均减少面积为3.88km²,减少区域主要位于克鲁伦河、乌尔逊河、海拉尔河和伊敏河等地区。湖泊湿地主要为减少,永久性淡水湖和季节性淡水湖减少面积分别约为213.27km²和114.46km²,年均减少面积分别为13.33km²和7.15km²,减少区域主要位于新巴尔虎右旗中南部、新巴尔虎左旗、陈巴尔虎旗南部和鄂温克族自治旗西部等地区。沼泽湿地主要以草本沼泽增加为主,增加面积约为351.82km²,年均增加面积为21.99km²,增加区域主要位于哈乌尔河、得耳布尔河、伊敏河支流、辉河支流和陈巴尔虎左旗南部等地区。人工湿地为增加,增加类型主要为水库和坑塘,增加面积分别约为7.51km²和6.97km²,年均增加面积分别为0.47km²和0.44km²,增加区域主要位于鄂温克族自治旗境内地区;其次为淡水养殖场和采矿挖掘积水区,增加面积分别约为2.56km²和1.71km²,年均增加面积分别为0.16km²和0.11km²,增加区域主要位于满洲里市南部、陈巴尔虎旗巴彦库仁镇东北部等地区;城市景观水面增加面积较少,增加面积约为0.41km²,年均增加面积为0.03km²,增加区域主要位于满洲里市和呼伦贝尔市区等地区。

通过对2000年和2016年两期的湿地与林地、草地和人类活动变化特征进行叠加分析。湿地类型内部转换、湿地与草地和林地转变是额尔古纳河流域内湿地变化的主要形式。

2000—2016年时段,河流湿地总体为减少,其中永久河流在该时段为减少,减少区域主要转化为季节性河流;季节性河流在该时段为增加,增加区域主要由永久河流转化而来;洪泛湿地在该时段为减少,减少区域主要转化为草本沼泽湿地。湖泊湿地总体为减少,其中永久性淡水湖减少区域主要转化为季节性淡水湖和草本沼泽,季节性淡水湖减少区域主要转化为天然草地和草本沼泽。沼泽湿地总体为增加,沼泽湿地增加主要为草本沼泽增加区域,增加区域主要由洪泛湿地和季节性淡水湖转化而来。人工湿地总体为增加,坑塘和淡水养殖场增加区域主要由洪泛湿地和草本沼泽转化而来,水库增加区域主要由永久性河流和洪泛湿地转化而来,采矿挖掘积水区增加区域主要由天然草地增加而来,城市景观水面增加区域主要由城市用地转化而来。

第四节 荒漠化分布现状及演化规律

呼伦贝尔沙地位于工作区,是主要的荒漠化土地分布地。呼伦贝尔沙地地处内蒙古自治区呼伦贝尔市中部,呼伦贝尔草原腹地,东与大兴安岭西麓丘陵漫岗相邻,西与克鲁伦河、呼伦湖相邻,南与蒙古国接壤,北到海拉尔河北岸,是我国四大沙地之一。地理位置为:东经117°10′—121°12′,北纬47°20′—49°59′。行政区划上包括呼伦贝尔市的海拉尔区、新巴尔虎左旗、新巴尔虎右旗、陈巴尔虎旗、鄂温克族自治旗。

一、荒漠化三期分布特征

(一)1975年土地荒漠化现状

经本次遥感调查,1975年全区共分布荒漠化土地6 981.71km²,包括沙质荒漠化土地5 654.73km²、盐碱质荒漠化土地1 326.98km²。

沙质荒漠化土地包括轻度沙质荒漠化土地 1 984.56km²、中度沙质荒漠化土地 2 042.63km²、重度沙质荒漠化土地 1 627.54km²。盐碱质荒漠化土地包括轻度盐碱质荒漠化土地 643.89km²、中度盐碱质荒漠化土地 268.31km²、重度盐碱质荒漠化土地 414.78km²。

在行政区域上，荒漠化土地主要分布于新巴尔虎左旗、新巴尔虎右旗、陈巴尔虎旗，各分布荒漠化土地 3 812.47 km²、1 445.71 km²、1 511.89 km²，分别占荒漠化土地总面积的 54.61%、20.71%、21.66%。鄂温克族自治旗与海拉尔区荒漠化土地分布面积仅 211.63km²，占比不足 4%（图 4-14）。

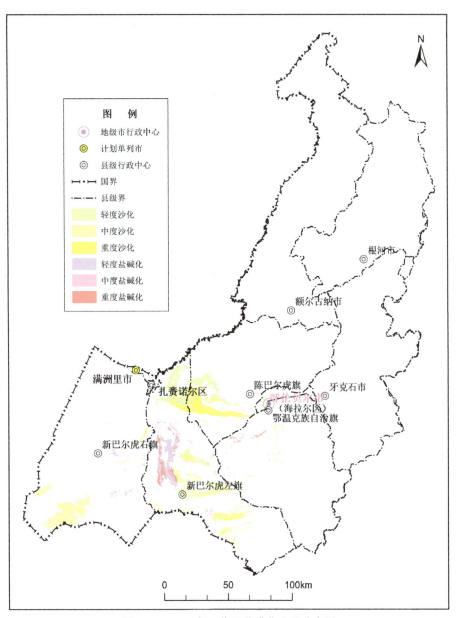

图 4-14 1975 年工作区荒漠化土地分布图

(二) 2000 年土地荒漠化现状

2000 年全区分布荒漠化土地 7 499.27 km²,包括沙质荒漠化土地 6 310.15 km²、盐碱质荒漠化土地 1 189.11 km²。

沙质荒漠化土地包括轻度沙质荒漠化土地 2 664.46 km²、中度沙质荒漠化土地 1 623.30 km²、重度沙质荒漠化土地 2 022.40 km²。盐碱质荒漠化土地包括轻度盐碱质荒漠化土地 444.30 km²、中度盐碱质荒漠化土地 295.95 km²、重度盐碱质荒漠化土地 448.87 km²。

在行政区域上,陈巴尔虎旗、新巴尔虎左旗、新巴尔虎右旗各分布荒漠化土地 1 454.79 km²、3 832.93 km²、1 518.11 km²,分别占荒漠化土地总面积的 19.40%、51.12%、20.25%。其中,陈巴尔虎旗分布沙质荒漠化土地 1 413.46 km²、盐碱质荒漠化土地 41.33 km²,新巴尔虎左旗分布沙质荒漠化土地 2 894.17 km²、盐碱质荒漠化土地 938.76 km²,新巴尔虎右旗分布沙质荒漠化土地 1 344.55 km²、盐碱质荒漠化土地 173.56 km²(图 4-15)。

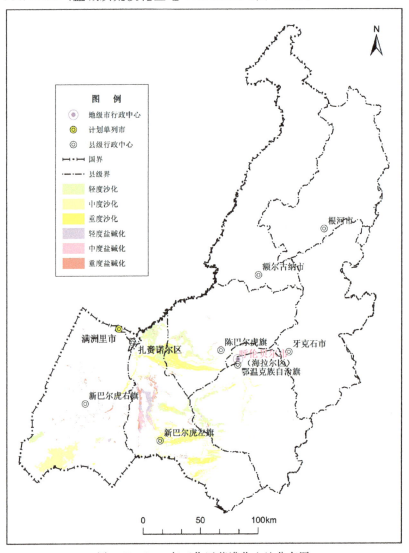

图 4-15 2000 年工作区荒漠化土地分布图

(三) 2016 年土地荒漠化现状

2016 年全区共分布荒漠化土地 6 714.84 km², 包括沙质荒漠化土地 5 398.67 km²、盐碱质荒漠化土地 1 316.17 km²。

沙质荒漠化土地包括轻度沙质荒漠化土地 3 182.02 km²、中度沙质荒漠化土地 588.32 km²、重度沙质荒漠化土地 1 628.33 km², 盐碱质荒漠化土地包括轻度盐碱质荒漠化土地 196.69 km²、中度盐碱质荒漠化土地 481.78 km²、重度盐碱质荒漠化土地 637.70 km²。

在行政区域上, 以新巴尔虎左旗、新巴尔虎右旗、陈巴尔虎旗分布的荒漠化土地最多, 分别为 3 231.75 km²、1 345.47 km²、1 214.40 km², 分别占全区荒漠化土地总面积的 48.13%、20.04%、18.09%。其中, 新巴尔虎左旗分布沙质荒漠化土地 2 315.02 km²、盐碱质荒漠化土地 916.74 km², 新巴尔虎右旗分布沙质荒漠化土地 1 189.36 km²、盐碱质荒漠化土地 156.12 km², 陈巴尔虎旗分布沙质荒漠化土地 1 172.21 km²、盐碱质荒漠化土地 42.19 km²(图 4-16)。

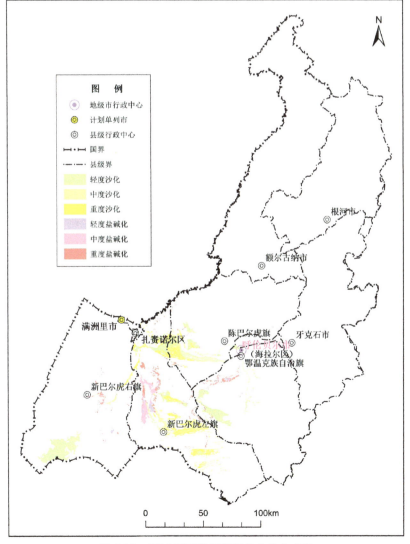

图 4-16 2016 年工作区荒漠化土地分布图

二、荒漠化动态变化特征

(一)1975—2000 年土地荒漠化变化特征

1975—2000 年期间,全区荒漠化土地总面积增加了 517.56km²。其中,沙质荒漠化土地面积增加了 655.43km²,盐碱质荒漠化土地面积减少了 137.87km²。

全工作区荒漠化加重的土地面积为 2 490.96km²,占荒漠化总面积的 28.66%;荒漠化减轻的土地面积为 1 884.27km²,占荒漠化总面积的 21.68%;荒漠化保持稳定的土地面积为 4 127.86km²,占荒漠化总面积的 47.50%;复合变化(沙质荒漠化减轻与盐碱质荒漠化加重或沙质荒漠化加重与盐碱质荒漠化减轻)区的面积为 187.78km²,仅占总面积的 2.16%。

在空间上,新巴尔虎左旗阿穆古朗镇及其以东、鄂温克自治旗伊敏河东岸分布有较大面积沙质荒漠化加重区;在陈巴尔虎旗西乌珠尔苏木以南、新巴尔虎左旗吉布胡郎图苏木以南分布有较大面积的荒漠化减轻区(图 4-17)。

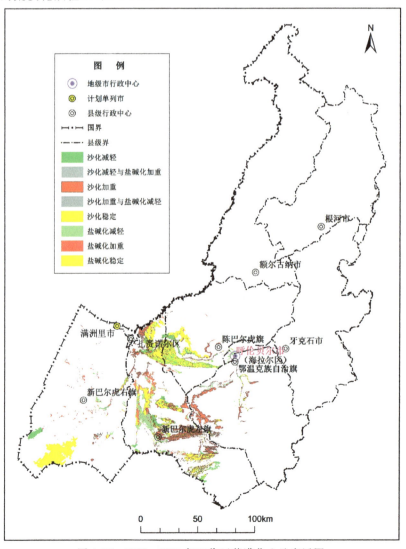

图 4-17　1975—2000 年工作区荒漠化土地变迁图

1. 新巴尔虎左旗

1975—2000 年期间,本旗土地荒漠化总面积增加了 20.47km², 其中,沙质荒漠化土地面积增加了 184.09km², 盐碱质荒漠化土地面积减少了 163.63km²。

该旗土地荒漠化加重地区面积为 1 593.35km², 包括沙质荒漠化加重土地面积 1 247.48km²、盐碱质荒漠化加重土地面积 345.87km²; 土地荒漠化减轻了 1 196.41km², 包括沙质荒漠化减轻土地面积 687.91km²、盐碱质荒漠化减轻土地面积 508.49km²; 荒漠化保持稳定的土地面积 1 816.09km², 包括沙质荒漠化稳定区面积 1 449.82km²、盐碱质荒漠化稳定区面积 366.28km²; 荒漠化复合变化区的面积为 72.46km², 包括沙质荒漠化加重与盐碱质荒漠化减轻土地面积 57.05km²、沙质荒漠化减轻与盐碱质荒漠化加重土地面积 15.41km²。

2. 新巴尔虎右旗

1975—2000 年,该旗荒漠化土地面积增加了 72.40km², 其中,沙质荒漠化土地面积增加了 26.88km², 盐碱质荒漠化土地面积增加了 45.52km²。

该旗 1975—2000 年期间土地荒漠化加重区面积为 175.76km², 包括沙质荒漠化加重土地面积 48.78km², 盐碱质荒漠化加重土地面积 126.98km²; 荒漠化保持稳定的土地面积总计为 1 137.70km², 包括沙质荒漠化保持稳定面积 1 116.14km², 盐碱质荒漠化保持稳定面积 21.56km²; 荒漠化减轻面积总计 234.67km², 包括沙质荒漠化减轻面积 170.85km², 盐碱质荒漠化减轻面积 63.83km²; 荒漠化复合变化面积 54.70km², 包括沙质荒漠化加重与盐碱质荒漠化减轻面积 32.37km², 沙质荒漠化减轻与盐碱质荒漠化加重面积 22.33km²。

3. 陈巴尔虎旗

1975—2000 年期间,该旗土地荒漠化面积减少了 57.11km², 其中,沙质荒漠化土地面积减少了 98.44km², 但盐碱质荒漠化土地面积增加了 41.33km²。

该旗荒漠化加重面积为 150.88km², 包括沙质荒漠化加重土地面积 124.84km²、盐碱质荒漠化加重土地面积 26.04km²; 荒漠化减轻土地面积为 358.23km², 类型为沙质荒漠化; 荒漠化保持稳定土地面积 1 105.91km², 类型为沙质荒漠化; 沙质荒漠化减轻与盐碱质荒漠化加重土地面积为 15.29km²。

4. 鄂温克族自治旗

1975—2000 年期间,该旗荒漠化土地增加了 499.59km², 其中,沙质荒漠化土地面积增加了 560.68km², 而盐碱质荒漠化土地面积减少了 61.09km²。

该旗荒漠化加重土地面积为 568.44km², 包括沙质荒漠化加重土地 538.82km², 盐碱质荒漠化加重土地 29.60km²; 荒漠化减轻土地面积 74.62km², 包括沙质荒漠化减轻土地面积 27.58km², 盐碱质荒漠化减轻土地 47.04km²; 荒漠化保持稳定土地面积为 65.06km², 包括沙质荒漠化稳定区 63.56km², 盐碱质荒漠化稳定区 1.50km²; 沙质荒漠化加重与盐碱质荒漠化减轻土地面积总计 45.33km²。

5. 海拉尔区

1975—2000 年,该区土地荒漠化面积减少了 19.14km²。该区沙质荒漠化加重土地面积共计 1.19km², 沙质荒漠化减轻土地面积共计 20.33km², 沙质荒漠化保持稳定土地面积共计 3.11km²。

(二)2000—2016年土地荒漠化变化特征

2000—2016年,全区荒漠化土地面积减少,共计减少了784.43 km²。其中,沙质荒漠化土地减少了911.49 km²,而盐碱质荒漠化土地面积增加了127.06 km²。

荒漠化加重土地面积为1 976.49 km²,包括沙质荒漠化加重土地1 340.77 km²,盐碱质荒漠化加重土地635.72 km²;荒漠化减轻土地面积4 040.49 km²,包括沙质荒漠化减轻土地3 537.14 km²,盐碱质荒漠化减轻土地503.36 km²;荒漠化保持稳定土地面积总计2 676.76 km²,包括沙质荒漠化稳定土地2 276.03 km²,盐碱质荒漠化稳定土地400.73 km²;荒漠化复合变化区域220.54 km²,包括沙质荒漠化减轻与盐碱质荒漠化加重土地166.70 km²、盐碱质荒漠化减轻与沙质荒漠化加重土地53.84 km²。

荒漠化减轻区主要分布于新巴尔虎右旗克尔伦苏木南部、新巴尔虎左旗额尔古纳河东岸及陈巴尔虎旗呼和诺尔镇南部一带,在鄂温克族自治旗辉苏木以东等地分布有较大面积的荒漠化加重区,保持稳定的地区主要分布于呼伦贝尔沙地中部(图4-18)。

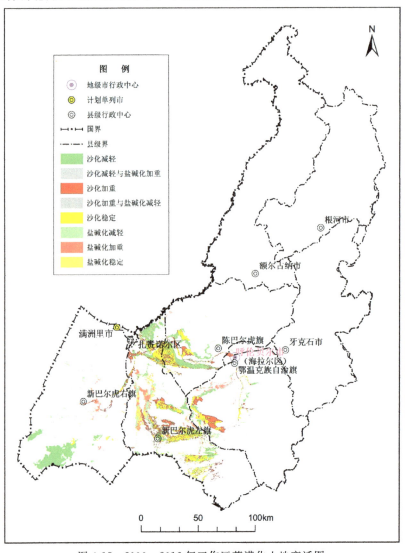

图4-18　2000—2016年工作区荒漠化土地变迁图

1. 新巴尔虎左旗

2000—2016 年期间,新巴尔虎左旗荒漠化土地减少了 601.18km²,其中,沙质荒漠化土地面积减少了 579.15km²,盐碱质荒漠化土地面积减少了 22.03km²。

该旗荒漠化加重的土地面积为 1 074.54km²,包括沙质荒漠化加重土地 687.72km²、盐碱质荒漠化加重土地 386.82 km²;荒漠化减轻的土地面积为 1 615.49 km²,包括沙质荒漠化减轻土地 1 245.69km²、盐碱质荒漠化减轻土地 369.80km²;荒漠化保持稳定的土地面积共计 1 681.82km²,包括沙质荒漠化稳定土地面积 1 344.61km²、盐碱质荒漠化保持稳定面积 337.21km²;荒漠化复合变化区面积为 102.89km²,包括沙质荒漠化减轻与盐碱质荒漠化加重土地 82.37km²、盐碱质荒漠化减轻与沙质荒漠化加重土地 20.52km²。

2. 新巴尔虎右旗

2000—2016 年期间,该旗荒漠化土地面积减少了 172.64km²,其中,沙质荒漠化土地面积减少了 155.20km²,盐碱质荒漠化土地面积减少了 17.44km²。

该旗监测期间荒漠化加重的土地共计 159.45km²,包括沙质荒漠化加重土地 44.10km²、盐碱质荒漠化加重土地 115.35km²;荒漠化减轻的土地共计 1 395.52km²,包括沙质荒漠化减轻土地 1 291.64km²、盐碱质荒漠化减轻土地 103.88km²;荒漠化保持稳定的土地面积共计 89.63km²,包括沙质荒漠化稳定土地面积 50.58km²、盐碱质荒漠化保持稳定土地面积 39.05km²;荒漠化复合变化面积共计 22.47km²,包括沙质荒漠化减轻与盐碱质荒漠化加重土地 0.42km²、盐碱质荒漠化减轻与沙质荒漠化加重土地 22.05km²。

3. 陈巴尔虎旗

2000—2016 年期间,陈巴尔虎旗荒漠化土地减少了 240.38km²,其中,沙质荒漠化土地面积减少了 241.25km²,而盐碱质荒漠化土地面积只增加了 0.87km²。

该旗荒漠化加重土地面积为 241.83km²,包括沙质荒漠化加重土地 225.71km²、盐碱质荒漠化加重土地 16.12km²;荒漠化减轻土地 748.71km²,包括沙质荒漠化减轻土地 725.36km²、盐碱质荒漠化减轻土地 23.35km²;荒漠化保持稳定的土地面积为 592.71km²,包括沙质荒漠化稳定土地 579.24km²、盐碱质荒漠化稳定土地 13.47km²;荒漠化复合变化面积 13.32km²,包括沙质荒漠化减轻与盐碱质荒漠化加重土地 11.21km²、盐碱质荒漠化减轻与沙质荒漠化加重 2.11km²。

4. 鄂温克族自治旗

2000—2016 年期间,该旗荒漠化土地面积增加了 198.46km²。其中,沙质荒漠化土地面积增加了 32.80km²,盐碱质荒漠化土地面积增加了 165.66km²。

监测期间,该旗荒漠化加重的土地面积共计 464.73km²,包括沙质荒漠化加重土地 347.31km²、盐碱质荒漠化加重土地 117.42km²;荒漠化减轻面积共计 275.13km²,包括沙质荒漠化减轻土地 268.80km²、盐碱质荒漠化减轻土地 6.33km²;荒漠化保持稳定土地面积 312.59km²,包括沙质荒漠化稳定土地 301.59km²、盐碱质荒漠化保持稳定土地 11.00km²;荒漠化复合变化面积 81.86km²,包括沙质荒漠化减轻与盐碱质荒漠化加重土地 72.70km²、盐碱质荒漠化减轻与沙质荒漠化加重土地 9.16km²。

5. 海拉尔区

2000—2016 年期间,该区荒漠化土地面积增加了 31.62km²。其中,沙质荒漠化加重土面积为 35.92km², 沙质荒漠化减轻土地面积为 4.30km², 无荒漠化保持稳定的土地分布。

第五节　人类活动占地分布现状及变化特征

一、人类活动占地三期分布特征

（一）1975 年人类活动占地分布特征

流域内人类活动占地总面积约 663.22km², 约占流域总面积的 0.43%。流域内主要为住宅占地、工矿占地和农业占地 3 种一级类型。流域内以农业占地面积最多, 约为 581.01km², 约占流域内人类活动总面积的 87.60%；其次为住宅占地, 面积约为 74.66km², 约占流域内人类活动总面积的 11.26%；工矿占地面积最少, 约为 7.54km², 约占流域内人类活动总面积的 1.14%。

1. 住宅占地

额尔古纳河流域内住宅占地主要有城市占地、县城占地、乡镇占地和农村占地 4 种二级类型。主要分布于根河市、呼伦贝尔市、牙克石市、额尔古纳市和满洲里市等地区的市、县、乡和村庄等地区。住宅占地总面积约为 74.66km², 占流域内人类活动总面积的 11.26%。

从二级类型占地面积来看, 以城市占地为主, 占地面积约 33.91km², 占住宅占地总面积的 45.42%；其次为乡镇占地和农村占地, 占地面积分别约为 21.82km² 和 14.02km², 分别占住宅占地总面积的 29.22% 和 18.78%；县城占地面积最小, 占地面积约为 4.91km², 约占住宅占地总面积的 6.58%。

2. 工矿占地

额尔古纳河流域内工矿占地主要有工业占地、金属矿产占地和非金属矿产占地四种二级类型。主要分布于根河市、呼伦贝尔市、牙克石市、额尔古纳市和满洲里市等地区。工矿占地总面积约为 7.54km², 占流域内人类活动总面积的 1.14%。

从二级类型占地面积来看, 以非金属矿产占地为主, 占地面积约 6.30km², 占工矿占地总面积的 83.58%；其次为工业占地, 占地面积约为 0.97km², 占工矿占地总面积的 12.92%；金属矿产占地面积最小, 占地面积约为 0.27km², 约占工矿占地总面积的 3.52%。

3. 农业占地

额尔古纳河流域内农业占地主要为耕地一种二级类型。主要分布于额尔古纳市、呼伦贝尔市、根河市、牙克石市、鄂温克族自治旗和陈巴尔虎旗等地区。农业占地总面积约为 581.01km², 占流域内人类活动总面积的 83.58%。

（二）2000 年人类活动占地分布特征

流域内人类活动占地总面积约 6 229.93km², 约占流域总面积的 4.02%。流域内主要为住宅占地、工矿占地、农业占地和公共服务占地 4 种一级类型。流域内以农业占地面积最多, 约为 5 950.07km², 约占流域内人类活动总面积的 95.51%；其次为住宅占地, 面积约为 269.16km², 约占流域内人类活动总面积的 4.32%；工矿占地和公共服务占地面积最小, 占地面积约为 38.61km² 和 3.70km²,分别约占流域内人类活动总面积的 0.62% 和 0.06%。

1. 住宅占地

额尔古纳河流域内住宅占地主要有城市占地、县城占地、乡镇占地和农村占地 4 种二级类型,主要分布于根河市、呼伦贝尔市、牙克石市、额尔古纳市和满洲里市等地区的市县乡和村庄等地区。住宅占地总面积约为 269.16km²,占流域内人类活动总面积的 4.32%。

二级类型占地面积以城市占地为主,占地面积约 127.01km²,占住宅占地总面积的 47.19%;其次为乡镇占地和农村占地,占地面积分别约为 73.24km² 和 51.27km²,分别占住宅占地总面积的 27.21% 和 19.05%;县城占地面积最小,占地面积约为 17.64km²,约占住宅占地总面积的 6.55%。

2. 工矿占地

额尔古纳河流域内工矿占地主要有工业占地、金属矿产占地、非金属矿产占地和能源矿产占地 4 种二级类型,主要分布于额尔古纳市、牙克石市、鄂温克族自治旗、新巴尔虎左旗、新巴尔虎右旗和满洲里市等地区。工矿占地总面积约为 38.61km²,占流域内人类活动总面积的 0.62%。

二级类型占地以非金属矿产占地为主,占地面积约 20.32km²,占工矿占地总面积的 52.63%;其次为能源矿产占地和工业占地,占地面积为 9.33km² 和 6.64km²,占工矿占地总面积的 24.16% 和 17.20%;金属矿产占地面积最小,占地面积约为 0.36km²,约为工矿占地总面积的 0.93%。

3. 农业占地

额尔古纳河流域内农业占地主要为耕地占地和畜牧养殖占地两种二级类型,主要分布于额尔古纳市、牙克石市、鄂温克族自治旗、新巴尔虎左旗、陈巴尔虎旗等地区。农业占地总面积约为 5 950.07km²,占流域内人类活动总面积的 95.51%。

二级类型占地主要以耕地占地为主,占地面积约为 5 906.57km²,占农业占地总面积的 99.27%;畜牧养殖占地面积较小,仅为 11.89km²,占农业占地总面积的 0.20%。

4. 公共服务占地

额尔古纳河流域内公共服务占地主要为旅游占地 1 种一级类型,主要分布于满洲里市、额尔古纳市、呼伦贝尔市和新巴尔虎左旗等地区。公共服务占地总面积约为 3.7km²,占流域内人类活动总面积的 0.06%。

(三)2016 年人类活动占地分布特征

流域内人类活动占地总面积约 5 454.34km²,约占流域总面积的 3.52%。流域内主要为住宅占地、工矿占地、农业占地和公共服务占地 4 种一级类型。流域内以农业占地面积最多,约为 4 816.29km²,约占流域内人类活动总面积的 88.30%;其次为住宅占地,占地面积约为 455.21km²,约占流域内人类活动总面积的 8.35%;公共服务占地面积最小,面积约为 15.41km²,占流域内人类活动总面积的 0.28%。

1. 住宅占地

额尔古纳河流域内住宅占地主要有城市占地、县城占地、乡镇占地和农村占地 4 种二级类型,主要分布于呼伦贝尔市、牙克石市、额尔古纳市、满洲里市、鄂温克族自治旗、新巴尔虎左旗、新巴尔虎右旗和根河市等地区的市县乡和村庄等地区。住宅占地总面积约为 455.21km²,占流域内人类活动总面积的 8.35%。

二级类型占地以城市占地为主,占地面积约 280.44km²,占住宅占地总面积的 61.61%;其次为乡镇占地和农村占地,占地面积分别约为 99.94km² 和 51.65km²,分别占住宅占地总面积的 21.96% 和 11.35%;县城占地面积最小,占地面积约为 23.18km²,约占住宅占地总面积的 5.09%。

2. 工矿占地

额尔古纳河流域内工矿占地主要有工业占地、金属矿产占地、非金属矿产占地和能源矿产占地 4 种二级类型,主要分布于呼伦贝尔市、满洲里市、根河市、新巴尔虎右旗、额尔古纳市、陈巴尔虎旗、牙克石市和鄂温克族自治旗等地区。工矿占地总面积约为 161.57km²,占流域内人类活动总面积的 2.96%。

二级类型占地以非金属矿产占地和能源矿产占地为主,占地面积约为 63.50km² 和 52.66km²,占工矿占地总面积的 39.30% 和 32.59%;其次为工业占地和金属矿产占地,占地面积约为 23.69km² 和 21.72km²,占工矿占地总面积的 14.66% 和 13.44%。

3. 农业占地

额尔古纳河流域内农业占地主要为耕地占地和畜牧养殖占地两种二级类型,主要分布于额尔古纳市、牙克石市、陈巴尔虎旗、鄂温克族自治旗和新巴尔虎左旗等地区。农业占地总面积约为 4 816.29km²,占流域内人类活动总面积的 88.30%。

二级类型占地以耕地占地为主,占地面积约为 4 774.40km²,占农业占地总面积的 99.13%;畜牧养殖占地较小,仅为 41.89km²,占农业占地总面积的 0.87%。

4. 公共服务占地

额尔古纳河流域内公共服务占地主要为旅游占地一种一级类型,主要分布于满洲里市、新巴尔虎左旗、新巴尔虎右旗、陈巴尔虎旗、鄂温克族自治旗、呼伦贝尔市、牙克石市和额尔古纳市等地区。公共服务占地总面积约为 15.41km²,占流域内人类活动总面积的 0.28%。

二、人类活动动态变化分析

根据 1975 年、2000 年和 2016 年三期两个时段人类活动变化遥感统计数据,流域内人类活动呈双向变化,既有增加,也有减少,总体呈增加之势。1975—2016 年 40 年间人类活动面积从 1975 年的 663.22km² 增加到 2016 年的 5 454.34km²,净增加了 4 791.13km²,年均增加率约为 116.86km²,占流域总面积的 3.09%。

(一)1975—2000 年人类活动变化分析

根据 1975—2000 年时段人类活动变化遥感统计数据,流域内人类活动呈持续增加之势。总增加面积约为 5 566.71km²,占流域总面积的 3.59%,年均增加面积约为 222.67km²。其中,住宅占地增加了 194.50km²,工矿工地增加了 29.11km²,农业占地增加了 5 337.45km²,公共服务占地增加了 3.70km²。

住宅占地面积增加主要为城市占地和乡镇占地,面积分别增加了约 93.10km² 和

51.42km², 年均增加面积分别为3.72km²和2.06km², 增加区域主要位于呼伦贝尔市区、鄂温克族自治旗巴彦托海镇、巴音塔拉达翰尔民族乡、伊敏河镇、锡尼河镇、满洲里市、新巴尔虎左旗嵯岗镇、牙克石市免渡河镇、巴雁镇、煤田镇、乌尔其汉镇、库都尔镇、图里河镇、额尔古纳市黑山头镇、三河回族乡、莫尔道嘎镇、根河市敖鲁古雅鄂温克民族乡、得耳布尔镇、金河镇河阿龙山镇等市区及乡镇等地区；其次为农村占地，增加面积约为37.25km²，年均增加面积为1.49km²，增加区域主要位于新巴尔虎右旗、新巴尔虎左旗、鄂温克族自治旗、额尔古纳市和牙克石市等地区的村庄；县城占地增加面积最少，约为12.73km²，年均增加面积为0.51km²，增加区域主要位于新巴尔虎右旗、新巴尔虎左旗和陈巴尔虎旗等县城地区。

工矿占地面积增加主要为非金属矿产占地和能源矿产占地，面积分别增加了约14.02km²和9.33km²，年均增加面积分别为0.56km²和0.37km²，增加区域主要位于新巴尔虎右旗阿拉坦额莫勒镇南部、新巴尔虎左旗阿木古郎镇东南部、鄂温克族自治旗伊敏河镇、满洲里市南部、呼伦贝尔市北部、陈巴尔虎旗北部、牙克石市巴雁镇、免渡河镇、煤田镇、乌尔其汉镇、图里河镇北部、额尔古纳市西北部、黑山头镇、三河回族乡和根河市敖鲁古雅鄂温克民族乡等地区；其次为工业占地，增加面积约为5.67km²，年均增加面积为0.23km²，增加区域主要位于呼伦贝尔市区、满洲里市区、鄂温克族自治旗巴音塔拉达翰尔民族乡、伊敏河镇、牙克石市巴雁镇、煤田镇图里河镇和免渡河镇南部地区及额尔古纳市区等地区；金属矿产占地增加面积最少，约为0.09km²，年均增加面积为0.004km²，增加区域主要位于陈巴尔虎旗北部丘陵区和根河市得耳布尔镇南部山区。

农业占地面积增加主要为耕地占地，增加面积约为5 325.56km²，年均增加面积约为213.02km²，增加区域主要位于新巴尔虎左旗东南部、鄂温克族自治旗中部、牙克石市西部、陈巴尔虎旗东北部和额尔古纳市南部地区；畜牧养殖占地增加面积较少，约为11.89km²，年均增加面积约为0.48km²，增加区域主要位于陈巴尔虎旗中部地区。

公共服务占地增加主要为旅游占地，旅游占地为该时间段净增加占地，净增加面积约为3.70km²，年均增加面积为0.15km²，增加区域主要位于满洲里市东南部、新巴尔虎右旗、新巴尔虎左旗、鄂温克族自治县、陈巴尔虎旗和牙克石市西南部地区。

通过对1975年和2000年两期的人类活动与林草湿变化特征进行叠加分析可以发现林草湿和荒地转变是额尔古纳河流域内人类活动变化的主要形式。

1975—2000年时段，人类活动总体为增加，其中住宅占地在该时段增加区域主要由草地和湿地及林地减少转化而来。工矿占地中的工业占地在该时段增加区域主要由草地减少转化而来；金属矿产占地和非金属矿产占地在该时段增加区域主要由草地和林地减少转化而来；能源矿产占地在该时段增加区域主要由草地和荒地减少转化而来。农业占地和公共服务占地在该时段增加区域主要由草地和林地减少转化而来。

(二)2000—2016年人类活动变化分析

根据2000—2016年时段人类活动变化遥感统计数据，流域内人类活动呈双向变化，既有增加，也有减少，其中住宅占地、工矿占地、公共服务占地持续增加，农业占地减少，总体呈减少之势。总减少面积约为775.59km²，占流域总面积的0.50%，年均减少面积约为48.47km²。其中，住宅占地增加了186.05km²，工矿占地增加了124.92km²，农业占地减少了1 102.18km²，公共服务占地增加了11.71km²。

住宅占地面积增加主要为城市占地和乡镇占地,面积分别增加了约 153.43km² 和 26.70km²,年均增加面积分别为 9.59km² 和 26.70km²,增加区域主要位于呼伦贝尔市区、满洲里市、鄂温克族自治旗巴彦托海镇、巴音塔拉达翰尔民族乡、伊敏河镇、锡尼河镇、新巴尔虎左旗嵯岗镇、牙克石市免渡河镇、巴雁镇、煤田镇、乌尔其汉镇、库都尔镇、图里河镇、额尔古纳市黑山头镇、三河回族乡、莫尔道嘎镇、根河市敖鲁古雅鄂温克民族乡、得耳布尔镇、金河镇河阿龙山镇等市区及乡镇等地区;其次为县城占地增加,增加面积约为 5.54km²,年均增加面积为 0.35km²,增加区域主要位于新巴尔虎右旗、新巴尔虎左旗和陈巴尔虎旗等县城地区;农村占地增加面积约为 0.38km²,年均增加面积为 0.02km²,增加区域主要位于新巴尔虎右旗、新巴尔虎左旗、鄂温克族自治旗、额尔古纳市和牙克石市等地区的村庄。

工矿占地面积增加主要为能源矿产占地和非金属矿产占地,面积分别增加了约 43.33km² 和 43.18km²,年均增加面积分别为 2.71km² 和 2.70km²,增加区域主要位于新巴尔虎右旗东南部、阿拉坦额莫勒镇、新巴尔虎左旗东南部、阿木古郎镇西部、鄂温克族自治旗伊敏河镇、满洲里市南部、呼伦贝尔市北部、陈巴尔虎旗北部、牙克石市巴雁镇、免渡河镇、煤田镇、乌尔其汉镇、图里河镇北部、额尔古纳市西北部、黑山头镇、三河回族乡和根河市敖鲁古雅鄂温克民族乡等地区;其次为金属矿产占地,增加面积约为 21.36km²,年均增加面积为 1.34km²,增加区域主要位于呼伦贝尔市区、满洲里市区南部、新巴尔虎右旗阿拉坦额莫勒镇、鄂温克族自治旗哈克镇、陈巴尔虎旗中部和根河市得耳布尔镇南部等地区;工业占地增加面积较少,约为 17.05km²,年均增加面积为 1.07km²,增加区域主要位于陈巴尔虎旗巴彦库仁镇、呼伦贝尔市、鄂温克族自治旗伊敏河镇、牙克石市巴彦镇、煤田镇、新巴尔虎右旗阿拉坦额莫勒镇、新巴尔虎左旗阿木古浪镇和额尔古纳市及根河市敖鲁古亚鄂温克民族乡等地区。

农业占地面积总体为减少,主要为耕地占地减少,畜牧养殖占地面积增加,其中耕地占地减少面积约为 1 132.17km²,年均减少面积约为 70.76km²,减少区域主要位于新巴尔虎左旗东南部、鄂温克族自治旗中部、牙克石市西部、陈巴尔虎旗东北部和额尔古纳市南部地区;畜牧养殖占地增加面积较少,约为 30.00km²,年均增加面积约为 2.71km²,增加区域主要位于陈巴尔虎旗中部地区。

公共服务占地增加主要为旅游占地,旅游占地为该时间段净增加占地,净增加面积约为 11.70km²,年均增加面积为 0.73km²,增加区域主要位于满洲里市南部、新巴尔虎右旗、新巴尔虎左旗、鄂温克族自治旗、陈巴尔虎旗、额尔古纳市和牙克石市西南部等地区。

通过对 2000 年和 2016 年两期的人类活动与林草湿变化特征进行叠加分析可以发现,林草湿和荒地转变是额尔古纳河流域内人类活动变化的主要形式。

2000—2016 年时段,人类活动总体为增加,其中,住宅占地在该时段增加区域主要由草地和湿地及林地减少转化而来,工矿占地中的工业占地在该时段增加区域主要由草地减少转化而来,金属矿产占地和非金属矿产占地在该时段增加区域主要由草地和林地减少转化而来,能源矿产占地在该时段增加区域主要由草地和荒地减少转化而来,农业占地和公共服务占地在该时段增加区域主要由草地和林地减少转化而来。

第五章 流域生态地质环境变化主导因素分析

第一节 自然因素

一、气温

40多年间,额尔古纳河流域内的年平均气温总体上呈明显波动性上升趋势。1970—2008年期间气温有波动性上升趋势,但2008年之后气温有下降趋势。2000年前的温度上升和2008年后的气温下降与流域内沙质荒漠化土地增加趋势大概一致,因此气温上升导致沙质荒漠化的发展。年均温度的上升说明呼伦贝尔沙地气候有变暖趋势,气温的上升,增加流域内土壤和沙地水分的蒸发,从而为土地沙质荒漠化发展创造了有利条件。

林草湿植被的生长对气温的变化较为敏感,受年均气温上升的因素影响,对流域内林草湿植被的正常生长起到了抑制作用。

二、降水量

40多年间,额尔古纳河流域上游年均气温变化总体趋势为波动中缓慢减少,年均降水量1985年最少,为150mm,最多为1997年,达540mm,近50年年均降水量减少约30mm。50年的年均降水量减少年份大于增多年份。1977—1981年、1983—1985年、1987—1993年、1994—2000年、2003—2007年、2009—2010年、2013—2016年为年均降水量减少时期。

40多年间,额尔古纳河流域下游年均降水量变化总体趋势为波动中缓慢增加,年均降水量1985年和2007年最低为250mm,最高为2013年的753mm,40多年间年均降水量增加了约50mm。年均降水量的增加对下游林地资源更新、休养起到了重要的促进作用。

三、相对湿度

相对湿度是表明气温与降水平衡的一个重要指标,结合本地区气温、降水量的变化规律,呼伦贝尔市多年平均相对湿度整体上自南向北逐步减少,变化较大的主要分布于新巴尔虎右旗、陈巴尔虎旗、新巴尔虎左旗和鄂温克族自治旗四旗的草原地带。

分析工作区内多年平均相对湿度分布(图5-1),整体上相对湿度逐步减少,其中额尔古纳市南部至新巴尔虎左旗东南部降低相对较大,变化较为剧烈,相对湿度变化最大区域也是主要的草原地带,也是流域内草地面积和荒漠化变化的原因之一。

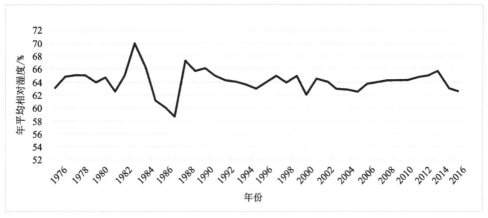

图 5-1 1976—2016 年平均相对湿度变化

四、风速

40 多年间流域内的年均风速略有下降趋势,下降的趋势不明显。从不同季节风速变化趋势图(图 5-2)可知,各季节的平均风速都具有下降趋势。其中,春季的平均风速大于其他季节的风速,2000 年后春季、秋季、冬季三季的风速都有上升趋势,只有夏季风速有下降趋势。夏季为湿润的东南季风,冬季、春季为干燥的西伯利亚季风,表明流域内气候趋向干燥,对沙质荒漠化的发展起到促进作用。

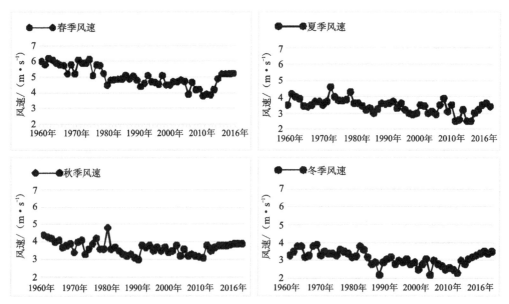

图 5-2 流域内不同季节平均风速变化趋势图

第二节 人为因素

生态环境因子变化在人为因素中受人口、农业和畜牧业影响较大。

一、人口

人类活动占地面积作为城镇化进程的一个指标,人类活动占地面积主要来自流域内农业用地、住宅用地和工矿用地。1975—2016年,人类活动占地面积总共增加了5 454.34km²。

流域内人口数量变化与人类活动占地面积变化呈正比关系,即人类活动占比面积增加必然导致流域内人口数量的增加。1975—2016年间,本区人口有增长趋势,增加趋势为0.0606/10a,1975年末总人口为53.61万人,2016年末人口增加到72.53万人,近40年增加了18.921万人。工作区人口具有阶段性增长趋势,1975—1997年为第一阶段,人口数量保持稳定增长,从1975年的53.61万人增长到1997年的67.06万人;1997—2000年为第二阶段,此阶段人口有减少趋势,从1997年的67.06万人减少到2000年的65.76万人;2000—2016年为第三阶段,总人口数量增长,增长人口为6.77万人。

人口的增加导致林草湿面积的减少,进而影响林草湿的空间布局,并对沙质荒漠化的发展具有促进作用。

二、农业

根据人类活动耕地用地面积遥感数据分析,流域内耕地用地面积变化具有先增加后减少的规律性。1975—2000年期间,耕地占地面积呈显著增长趋势,1975年耕地占地面积为581.01km²,到2000年耕地占地面积达到"波峰"值5 950.07km²。2000—2016年耕地占地面积呈减少趋势,2016年耕地占地面积减少到4 816.29km²。1975—2000年耕地占地面积的显著增加使得林草湿面积大幅减少,2000—2016年耕地占地面积的减少使得林草湿面积的减少幅度呈下降趋势,并且该时间段沙质荒漠化面积呈减少趋势,表明耕地面积减少对流域内沙地植被恢复具有积极作用。

三、畜牧业

大牲畜对牧草的践踏和采食导致草被受损,地表裸露在外,对沙质荒漠化的发展起到推波助澜作用。

羊的头数从1986年的88.20万头,到2006年的308.7万头,增加头数达到220.5万。从2005年到2007年,羊的头数有一定幅度的减少,减少到260.4万头。2008—2010年较为平稳。2010—2015年,羊的头数逐渐增加到323.45万头。1986年到1995年,工作区的大牲畜头数持续增加到51.42万头,从1995年到2002年,大牲畜头数又呈减少趋势,2002年减少到34.51万头,从2002年大牲畜头数依旧在增加,但增加幅度不大,到2015年工作区的大牲畜数量达到60.64万头,牲畜头数的减少对沙质荒漠化的发展起到抑制作用。

第三节 政策因素

1979年农村开始在人民公社体制下推行"定额包干""联产计酬"等农业生产责任制,牧区实行了"草畜双承包"的政策。农牧民生产积极性提高,生产经营单位由生产队集体经济分解到一家一户的个体"小牧"经济;1983—1984年,先将牲畜作价承包给牧户;1989—1991年,实现第一轮草牧场承包到户;1997年第二轮草牧场承包到户。政策在调动牧民积极性方面产生了明显的效果：一是牲畜头数迅速增长，二是牧民对基础建设的积极性空前高涨，三是耕地面积的快速扩张促使农牧业快速发展。同时，这为生态环境带来了巨大的压力。

2000年以后，我国高度重视生态环境问题，内蒙古自治区政府将工作重心放在环境治理和恢复上，并先后采取了以下措施：2000年中央制定颁发了退耕还林(草)的明确政策，2003年建立红花尔基樟子松林自然保护区，并晋升为国家级自然保护区。2003年，呼伦贝尔市发动了"樟子松行动"计划，以大面积禁牧、小面积封育的形势，促进其自然更新。2003年流域内建立了各级湿地保护区32处，并制定了《中国湿地保护行动计划》和《全国湿地保护工程规划》。2004年发布《内蒙古自治区草原管理条例》，2005年制定新的《内蒙古自治区关于进一步加强草原监督管理条例实施细则》，2007年内蒙古自治区人民政府就草原监督管理工作专门下发了《内蒙古自治区关于进一步加强草原监督管理工作的通知》(内政发〔2017〕116号)。

第六章　流域重点区基础地质遥感调查

重点区主要选取额尔古纳河两侧地貌类型、地层类型、工程地质类型、水文地质类型和土地覆被类型较全地区及地质灾害和矿产开发较多地区。通过重点区开展区内的基础地质、工程地质、水文地质、地形地貌、土地覆被、地质灾害、矿产开发状况和额尔古纳河道变迁等专题的遥感调查和动态变化监测工作。本次工作主要是为了查清额尔古纳河两岸的基础地质分布特征、工程地质岩土体类型、地下水含水岩组空间分布、地貌特征和地表覆盖类型、额尔古纳河河道变迁、岛屿沙洲冲淤分布与变化情况及地质灾害和矿产开发状况，为该地区生态地质环境、国土空间规划和国土资源开发管理提供翔实的基础数据支撑。

流域内总共选取两个重点区，额尔古纳河满洲里东—黑山头镇段重点区南起内蒙古自治区呼伦贝尔市满洲里市东，北至呼伦贝尔市额尔古纳市黑山头镇；额尔古纳河恩和—七卡段重点区南起内蒙古自治区额尔古纳市黑山头镇，北至额尔古纳市室韦镇。

第一节　概　　述

一、额尔古纳河恩和—七卡段重点区

（一）重点区范围

重点区位于额尔古纳河恩和—七卡段，行政隶属于呼伦贝尔市的额尔古纳市，整个重点区以额尔古纳河为中心，向两侧延伸 20～30km。具体重点区位于东经 118°58′09″—120°10′12″，北纬 50°31′08″—51°23′48″之间。面积约 4000km²。

（二）自然地理概况

重点区位于呼伦贝尔市西部，内蒙古高原东北部，北部与南部被大兴安岭南北直贯。东部为大兴安岭东麓，东北平原—松嫩平原边缘。地形总体特点为西高东低。地势分布呈由西到东地势缓慢过渡。区内额尔古纳湿地是中国目前保持原状态最完好、面积较大的湿地，也被誉为"亚洲第一湿地"。额尔古纳湿地位于额尔古纳河与其他 3 条来自森林高山区域的支流根河、得尔布干河和哈乌尔河交汇处，包含特别大范围的洪泛平原，并且在此形成一个三角洲，还包括根河、得尔布干河、哈乌尔河及两岸的河漫滩、柳灌丛、盐碱草地、水泡子及其支流。

区内地形东高西低，中部南高北低，由东北部的大兴安岭山地过渡到呼伦贝尔高原。最高峰位于阿拉齐山，海拔 1421m，最低点位于恩和哈达河口，海拔 312m，平均海拔 650m。这一地势特征使区内河流由东部和中部向北、西、南三面分流。额尔古纳市的现代地形地貌，主要是

在海西运动期形成的,在燕山运动中又得到了加强,挽近期的新构造运动也有一定表现。山地和平原两种地貌单元,主要呈相互穿插状交替出现,山地是区内地貌主体,沟谷和河谷、平原呈枝状、网状散布其间。

(三)区域地质概况

1. 地层

重点区位于内蒙古自治区东北部大兴安岭山脉的西缘,地层区划属于天山-兴安地层区—大兴安岭地层分区,区内地层出露较全,元古宇—新生界均有出露。

1)元古宇(Pt)

重点区内元古宙出露的地层为震旦系额尔古纳河组。

额尔古纳河组(Ze):区内出露面积较少,主要出露于区内的中部和南部,主要岩性为大理岩、白云岩夹变质粉砂岩、千枚状板岩、云母片岩。

2)下古生界(Pz_1)

重点区内早古生代出露的地层为奥陶系的乌宾敖包组。

乌宾敖包组($O_{1-2}w$):区内出露面积较少,主要出露于区内的中南部,主要岩性为灰绿色、灰紫色板岩夹粉砂岩、灰岩。

3)上古生界(Pz_2)

重点区内晚古生代出露的地层为下石炭统红水泉组。

红水泉组(C_1h):区内出露面积较少,主要分布于区内的七卡南部,主要岩性为杂砂岩、板岩、灰岩夹凝灰岩。

4)中生界(Mz)

重点区内中生界出露的地层为中侏罗统塔木兰沟组和上侏罗统玛尼吐组。

塔木兰沟组(J_2tm):出露面积较少,主要分布于区内的中部,主要岩性为灰绿色、灰黑色中基性火山熔岩、火山碎屑岩夹碎屑岩。

玛尼吐组(J_3mn):出露面积较大,主要分布于区内的中部和南部地区,主要岩性为灰绿色、紫褐色中性火山熔岩、中酸性火山碎屑岩夹火山碎屑沉积岩。

5)新生界(Cz)

重点区内新生代出露的地层为更新统和全新统。

更新统(Qp):主要分布于区内的西北角,出露面积较少,主要岩性为砂砾石层、黄土、粉细砂、泥沙。

全新统(Qh):广泛分布在区内的额尔古纳河两侧和中部山丘陵两侧的沟谷地带,出露面积较多,主要岩性为砂土、砂、砂砾石。

2. 岩浆岩

区内岩浆活动较为强烈,侵入岩侵入面积较大,约占区内总面积的40%,主要侵入古生代中酸性岩体,主要为石炭纪花岗岩($C\gamma$)、二叠纪花岗岩($P\gamma$)、奥陶纪闪长岩($O\delta$),其中石炭纪花岗岩侵入面积最大,主要侵入于区内的中部和北部大部分地区,主要呈岩基状产出,其次为二叠纪花岗岩和奥陶纪闪长岩,侵入面积都较小,出露于区内的中部和东南部,都呈小岩株状产出。

3. 构造

重点区地处天山-内蒙古中部-兴安地槽褶皱区（Ⅰ级构造单元），兴安地槽褶皱系（Ⅱ级构造单元），额尔古纳兴凯地槽褶皱带（Ⅲ级构造单元）。

1）构造单元特征

重点区主要位于额尔古纳兴凯地槽褶皱带内，地层主要以中元古代变质岩、古生代碎屑岩、碳酸岩和中生代火山岩为主。

2）断裂

重点区内断裂构造较为发育，以北北东向和北东向为主，其中北北东向断裂为区域主构造线方向，且规模较大，多横贯全区，控制了区域地层和侵入岩的分布，主要断裂为额尔古纳断裂。

二、额尔古纳河满洲里东—黑山头镇段重点区

（一）重点区范围

重点区位于额尔古纳河满洲里东—黑山头镇段，行政隶属于呼伦贝尔市的额尔古纳市和陈巴尔虎旗，整个重点区以额尔古纳河为中心，向两侧延伸20～30km。具体重点区位于东经117°34′42″—120°02′02″、北纬49°16′13″—50°43′19″之间。面积约8000km²。

（二）自然地理概况

重点区位于内蒙古高原东缘，地处大兴安岭北段的西坡。区内地形东高西低，中部南高北低，由东北部的大兴安岭山地过渡到呼伦贝尔高原。重点区的现代地形地貌主要是在海西运动期形成的，燕山运动中又得到了加强，挽近期的新构造运动也有一定表现。山地和平原两种地貌单元，主要呈相互穿插状交替出现，山地是区内地貌主体，沟谷和河谷、平原呈枝状、网状散布其间。

重点区的地势特征使区内河流由东部和中部向北、西、南三面分流。额尔古纳湿地是额尔古纳河与其三条来自森林高山区域的支流根河、得尔布干河和哈乌尔河交汇处包含的泛洪平原，并且在此形成一个三角洲，还包括根河、得尔布干河、哈乌尔河及两岸的河漫滩、柳灌丛、盐碱草地、水泡子及其支流。

（三）区域地质概况

1. 地层

重点区位于内蒙古自治区东北部大兴安岭山脉的西缘，地层区划属于天山-兴安地层区—大兴安岭地层分区，区内地层出露较全，元古宇—新生界均有出露。

1）元古宇（Pt）

青白口系佳疙瘩组（Qbj）：属绿片岩相变质碎屑岩及少量火山岩。岩性为一套经受了低绿片岩相低角闪岩相的变质岩系。岩性为灰色、暗灰色斜长角闪片岩、角闪斜长片岩、绢云石英岩及含石榴子石绿泥石斜长片岩。主要分布于重点区的中部及八大关一带。

2)古生界(Pz)

寒武系额尔古纳河组(ϵe):出露在额尔古纳河右岸,总体呈北东向展布。主要岩性为白云质灰质大理岩、大理岩、结晶灰岩、碳质粉砂质斑岩、变质长石石英砂岩、变粒岩、浅粒岩和云母石英片岩等。

志留系卧都河组(S_3w):岩性为泥质粉砂岩、砂岩夹板岩、砾岩(浅变质),厚300~1000m。

下石炭统红水泉组(C_1h):主要岩石类型为暗绿色凝灰砂岩、凝灰岩、凝灰角砾岩、安山玢岩夹有碳质板岩及绿泥片岩薄层。

下石炭统莫尔根河组(C_1m):岩性主要为安山岩、流纹岩、岩屑晶屑凝灰岩。

下石炭统红水泉组(C_1b):岩性主要为生物碎屑灰岩及钙质粉砂岩。

上石炭统新依根河组(C_2x):岩性主要为长石岩屑杂砂岩、粉砂质板岩、板岩夹灰岩透镜体。

3)中生界(Mz)

中侏罗统万宝组(J_2wb):属典型磨拉石建造,最大厚度超过800m,仅在抬升较大的地区有所出露,岩性主要为长石碎屑岩、凝灰质砂岩、安山岩。

中侏罗统塔木兰沟组(J_2tm):是大兴安岭地区中生代最底部的火山岩层,为中基性火山熔岩及火山碎屑岩,夹少量沉积岩,最大厚度1000m,平行不整合于万宝组之上,与上覆的满克头鄂博组不整合接触。岩性主要为安山岩、辉石安山岩及安山质火山碎屑岩。

上侏罗统满克头鄂博组(J_3mk):岩性主要为火山灰凝灰岩和砂岩,总体上为一套陆相酸性火山熔岩、火山碎屑、酸性火山碎屑岩沉积岩组合,与其上覆玛尼吐、白音高老组整合接触。地层平均厚度约为1000m。

上侏罗统玛尼吐组(J_3mn):岩性主要为玄武安山岩、安山岩及火山碎屑岩,为一套中性火山熔岩、中酸性火山碎屑岩、沉积岩组合。地层厚度一般为数百米,局部达到800m以上。

上侏罗统白音高老组(J_3b):岩性主要为流纹岩、粗面岩、火山碎屑岩,地层厚度300~800m。

下白垩统龙江组(K_1l):下部为安山质和流纹质火山熔岩,夹火山碎屑岩;中部为安山岩;上部为安山质凝灰岩,夹薄层流纹岩,主要分布于额尔古纳河左岸。

下白垩统大磨拐河组(K_1d):为一套由粗变细的含煤碎屑岩系,厚度大于300m,曾属下白垩统伊敏组煤系地层的一部分。

4)新生界(Cz)

区域内第四系发育齐全,广泛分布于山间、山前、河流、河谷、湖泊及各大盆地中。其成因类型包括:冲积、冲洪积、湖积、湖沼沉积、风积、冰水堆积、化学沉积及各类黄土等。其中,第四系更新统(Qp_3)主要为砂、砾、砂土。全新统主要有风成砂(Qh^{eol})、湖沼沉积(Qh^{fl})及冲积砂砾(Qh^{al})。

2. 岩浆岩

重点区燕山期岩浆侵入活动最为强烈,分布也十分广泛,主要岩性为花岗岩、花岗斑岩、白岗岩、细粒闪长岩、石英斑岩等。燕山早期岩体多呈北东向或北西向不规则岩基产出,规模较大,侵入到上侏罗统塔木兰沟组的火山岩中。燕山晚期则多产出规模较小的岩体,多呈等轴状或椭圆体的岩株、岩墙及岩瘤产出,受北东向、北西向断裂构造及火山机构控制。

石炭纪花岗岩($C\gamma$):岩石呈灰白色,具中粒花岗结构至似斑状结构,基质中粒结构,块状构造。斑晶为钾长石(条纹长石和微斜长石),含量为20%,基质钾长石(条纹长石和微斜长石)含量为30%,斜长石含量为25%。

侏罗纪钾长花岗岩(J$\xi\gamma$):岩石均呈肉红色调,主体岩性为中—细粒钾长花岗岩、角闪钾长花岗岩,不含或含极少量暗色矿物,呈岩株状产出,岩体岩性较单一,基岩露头不佳,原生次生构造不清,岩体中很少发育脉岩。

侏罗纪花岗闪长岩(Jδ):风化面黄褐色,新鲜面灰白色,细中粒花岗结构,块状构造。矿物成分:钾长石,肉红色,半自形板柱状,大小0.2~3mm,含量17%;斜长石,灰白色,半自形,大小0.2~4mm,含量43%;石英,灰色,他形,粒状,大小0.5~4mm,含量30%;黑云母,黑色,片状,大小0.2~3mm,含量5%;角闪石,黑色,柱状,大小0.2~5mm,含量5%。

侏罗纪花岗斑岩(J$\gamma\pi$):白色细粒斑状,基质呈微细晶粒结构;斑晶以酸性斜长石为主,少量正长石、局部有石英;基质由微细的钾长石、石英和少量的斜长石、绢云母组成,局部见少量绿泥石、绿帘石和锆石等。

侏罗纪花岗岩(Jγ):主要为细粒花岗岩,岩石呈浅灰红色,自形—半自形花岗结构,块状构造。主要矿物组合为钾长石(40%~50%)、斜长石(15%~20%)、石英(20%~25%)、少量黑云母和金属矿物,在额尔古纳河两岸均有分布。

另外,在重点区额尔古纳河左岸地区,发育新元古代花岗岩(Ptγ)、二叠纪花岗岩(Pγ)。

3. 构造

断裂以北东向—北北东向和北西向两组主干断裂为主,还有东西向、南北向断裂。北东向—北北东向断裂以额尔古纳呼伦湖断裂为主。该断裂形成较早,也更为发育,表现为切割地壳的深大断裂,中生代复活并控制重点区的总体构造格架。

北西向断裂一般为基底断裂,其形成晚于北东向—北北东向断裂,不同程度地切割早期北东向—北北东向断裂。东西向和南北向断裂主要表现为盖层断裂,规模不大。

区内褶皱构造主要见有八大关短轴背斜和青石山向斜。二者轴向呈北东向延伸,沿轴部被花岗岩类侵入。

4. 区域水文地质条件

大兴安岭北部中低山—丘陵地区主要分布有侏罗纪火山岩及其以前的沉积岩(包括火山熔岩及火山碎屑岩)、变质岩和岩浆岩,其节理和裂隙赋存有基岩裂隙水。在断裂构造发育地区,常赋存断裂带脉状水。在丘陵山区的小型构造盆地中,赋存孔隙裂隙潜水和承压水。

第四系含水层:主要为冲积砂、细砂,厚度2~15m不等,水位埋深2~10m,矿化度小于0.5g/L,为重碳酸钙钠镁型水,pH值7~8。

石炭系含水层:主要为安山岩、砾岩、酸性熔岩、流纹斑岩等,其中构造裂隙水单井涌水量100~500t/d,水位埋深30~50m;网状风化裂隙水单井涌水量10~100t/d,局部小于10t/d,矿化度小于1g/L。

侵入岩类孔隙水:地下水赋存于构造裂隙带中,单井涌水量100~500t/d,水位埋深26~47m;大面积风化带的网状裂隙水单井涌水量小于10t/d。矿化度小于1g/L,主要为重碳酸钙钠镁型水。

第二节 工作方法及技术要求

一、技术路线

以遥感技术为主要手段，解译重点区内的基础地质、工程地质、水文地质、地形地貌、额尔古纳河河道变迁、土地覆被、地质灾害和矿产开发状况等信息，完成重点区基础地质、工程地质、水文地质、地形地貌和土地覆被及生态环境现状调查和变化信息监测提取。

构建不同时间域和不同空间尺度信息层，开展遥感动态监测。重点区采用不同分辨率、不同时期的卫星遥感数据，对额尔古纳河流域重点区内的地形地貌、地质灾害（塌岸）、土地覆被、河道变迁、生态地质环境和基础设施等情况进行动态变化信息提取与对比分析，提取变化地段、变化幅度、变化速率等信息，分析变化发展的趋势与变化因素，总结变化规律。

通过遥感现状和动态变化信息提取与监测，为该地区社会经济发展、国土空间规划和国土资源开发管理提供翔实的基础数据支持。

二、工作方法与工作流程

利用遥感手段解译重点区基础地质、工程地质、水文地质、地形地貌、土地覆被、地质灾害和额尔古纳河河道变迁等信息，完成额尔古纳河重点区遥感地质及基础设施等现状调查和变化信息监测提取。

构建不同时间域和不同空间尺度信息层，开展遥感动态监测。采用不同分辨率、不同时期的卫星遥感数据，对重点区地形地貌、地质灾害、额尔古纳河河道变迁、生态地质环境和基础设施等情况进行动态变化信息提取与对比分析，提取变化地段、变化幅度、变化速率等信息，分析变化发展的趋势与变化因素，总结变化规律，并预测未来变化方向。

通过遥感现状和动态变化信息提取与监测，为该地区生态地质环境、国土空间规划和国土资源开发管理提供翔实可靠的基础数据支持。

采用多元数理统计分析方法对岸区稳定性进行分区评价，划分额尔古纳河的河谷类型，分析、评价塌岸的影响因素、演变规律和发展趋势。

（一）遥感数据源选择与处理

1. 数据源选择

(1)20 世纪 60 年代侦察卫星数据。

(2)SPOT-5 卫星数据(2005 年)。

(3)ZY-3、ZY-1 02C 和 GF-1、GF-2 卫星数据(2016 年)。

2. 数学基础

1)数学基础

(1)平面坐标系统：采用 1954 北京坐标系，横坐标加带号。

(2)投影方式：采用高斯-克吕格投影，6°分带方式与基础底图一致。

(3)高程系统：与使用高程数据一致。

2)采样间隔

根据原始影像分辨率,按 0.5m 的倍数就近采样。

3. 技术流程

从基础底图上采集纠正控制点,结合高程数据,正射纠正全色遥感数据,再将多光谱遥感数据与之配准、融合,也可直接正射纠正多波段合成数据技术流程(图 6-1)。

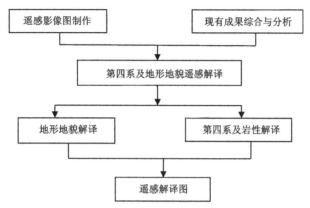

图 6-1 遥感地质解译及图件编制流程

1)纠正

采用基础底图和高程数据为纠正基础,选取待纠正影像和基础底图上具明显特征的已有地物点为纠正控制点,应避免在基础底图镶嵌线附近、存在错误或误差超限的区域采集。控制点的选取一般在影像放大到 2～3 倍的条件下完成,尽量控制影像四周,使之均匀分布。

2)配准

采用全色数据和高程数据为基础,选取待配准影像和全色数据上特征明显的同名地物点为配准控制点,应避免在全色数据镶嵌线附近、存在错误或误差超限的区域采集。

3)融合

将全色波段与多光谱波段进行融合,获取彩色影像,既发挥了全色波段高几何分辨率的特点,又发挥多光谱信息量丰富的特点。融合的方法采用当前流行的 HIS 变化法、小波变换法等。

4)镶嵌

选择有代表性的区域用于色调匹配。利用不规则多变性界定建立色调平衡方程的图像区域,避开云及噪声,提高色调平衡的精度。图像色调匹配,以一幅影像为基准,用上述方法建立的色调平衡方程对另一幅影像的整个区域进行匹配。

(二)专题信息提取

东北额尔古纳河地区国土资源遥感综合调查与监测内容较为广泛,涉及基础地质、湿地、地质灾害、矿产资源分布等多方面,为了准确提取各类因子信息,解译过程中主要采取人机交互解译法、目视解译法等。

①人机交互解译法:通过影像单元和各种地物标志的建立,根据肉眼观察对特定结果输入计算机与解译图像匹配,并进行修改补充。②目视解译法:通过影像单元和各种地物标志的建立,根据肉眼对经过特定处理后的遥感图像的判别,进行地物类别区分和归并进而编图。通常

与人机交互解译法和计算机自动分类法交叉使用,互为补充。③相关分析法:应用相关专业知识和与目标物有关的信息,从遥感图像上寻找、推断与提取目标物信息。如利用与湿地类型有密切关系的间接解译标志,从已识别的间接解译标志推断出湿地类型的属性位置及分布范围。

1. 遥感综合解译方法

遥感国土资源综合解译工作原则:①遥感解译工作是在地物波谱分析和初步解译基础上建立影像解译标志,以人机交互解译为主,辅以计算机自动识别技术解译方法;②遥感国土资源综合解译从地质研究程度高和资料丰富的地区开始,按基础地质、生态地质环境、重要地形地貌单元和重要基础设施等内容进行分类,按不同类别建立专题因子开展解译;③解译过程和成果要始终围绕额尔古纳河地区社会经济和国土资源管理的需求,从宏观到微观,建立不同空间尺度和点线面不同信息层的遥感立体式工作模式。

国土资源遥感综合解译工作基本思路:①综合分析调查区地质、矿产资料,生态地质环境分布、基础设施建设典型区域和额尔古纳河两岸地形地貌等,确定解译工作典型区域和重点内容;②对典型区域和重点内容开展1:5万等大比例尺的遥感综合解译,建立不同的解译标志;③根据建立的解译标志采取有针对性的解译方法、数据处理方法和信息提取方法;④针对解译成果开展必要的野外实地验证。

2. 建立遥感解译标志

1)野外地物解译标志

野外典型地物解译标志,一般系指在室内进行宏观地质解译之后,通过野外踏勘获得的感性认识,以及在详细地质解译与野外踏勘结果的基础上,建立的基础地质、环境地质、微地貌(山峰、沟谷水系、植被)等标志。

2)室内地质解译标志

遥感图像上显示的各种地物波谱信息标志特征,主要表现为线性标志物的长短规模(长度、宽度)、几何(环形)大小形状、色调深浅(灰阶)等。

色调标志:主要由线性影像色调线或带、色调分界线或图斑纹理分界线、环形色带等标志构成。这类标志形迹特征往往是地表或浅地表隐伏侵入体、线、环形构造在图像上的反映。

图斑纹理标志:主要由层状、团块状或浑圆状、放射状或不规则状或特殊纹理区带、块等标志构成。这些图斑纹理标志特征类型往往取决于地表基岩性质、水系切割类型等微地貌标志。

3)遥感地质解译方法

经实地踏勘,根据遥感影像的色调、纹理特征建立解译标志,通过人机交互解译完成。

4)遥感综合调查与监测

在充分分析现有成果的基础上,1:5万遥感解译以优于2.5m卫星遥感正射影像图为基础,1:1万遥感解译以优于1m卫星遥感正射影像图为基础,开展基础地质、环境地质、土地覆被、重要设施等现状和变化信息提取,编制专题图件。提取岩性、构造等信息编制遥感地质解译图。

提取崩塌、滑坡、泥石流、湖泊、湿地、额尔古纳河及侵蚀等信息编制地质环境解译图,在此基础上,提取重要设施及有关的基础地质信息,编制相关的专题图件。

为提高工作质量和成果精度,解译信息提取方法全部采用人机交互式和计算机自动提取方法,两者应相互检查和验证,确保信息的准确性和科学性。

（三）基础地质遥感解译

遥感地质解译是在充分收集已有资料的基础上，以卫星遥感图像为主要遥感信息源，利用影像纠正、彩色合成和彩色空间变换、图像处理增强、数据融合等技术，制作信息丰富、层次分明、真实美观的影像图，通过建立影像解译标志，进行人机交互式解译和计算机自动识别来实现，主要采用资料分析、遥感解译及野外验证，额尔古纳河左岸主要采用类比及传统遥感影像分析等方法（图6-1）。

1. 沉积岩

按沉积岩的粒度、成分及沉积类型或波谱识别进行解译。把沉积岩划分为粗碎屑岩类、中碎屑岩类、细碎屑岩类、泥质岩类、碳酸盐岩类及其他类。

粗碎屑岩类包括砾岩、砂（泥）质砾岩，砾（质）砂岩或砾（质）泥岩、含砾砂岩或含砾泥岩等，或按砾径划分为巨砾岩、粗砾岩、细砾岩等。

中碎屑岩类包括粗砂岩、中粒砂岩等，或按成分划分为石英砂岩、长石石英砂岩、岩屑石英砂岩、长石砂岩、岩屑长石砂岩、长石岩屑砂岩、岩屑砂岩等。

细碎屑岩类包括粗粉砂岩、细粉砂岩、泥质粉砂岩等。

泥质岩类包括黏土岩、页岩、泥岩等。

碳酸盐岩类包括灰岩、白云岩。

其他类包括生物化学–生物有机岩类型的硅质岩、磷块岩、煤及化学沉积岩类型的铁质岩、蒸发岩、锰质岩、铝土质岩等。

沉积岩的解译与识别应包括岩层厚度、岩性、岩相、空间变化特点内容。

沉积岩影像特征描述要点：色调、空间结构（点、斑、线、格、纹、环）、地表状态（侵蚀切割程度、土壤发育情况、植被覆盖度及类型、土地利用情况）、地形地貌（地貌状况、地形形态、山脊形状、山坡形态）、水系特征（水系形态、水系密度、水系均匀性、沟谷形态）。

2. 变质岩

按变质作用类型、变质程度等进行岩性或岩性组合解译；把变质岩分为区域变质岩、动力变质岩、接触变质岩、混合岩（表6-1）。

区域变质岩中尚保留原岩结构及构造的低变质岩，参照沉积岩的解译方法进行解译，如变质砂岩、变质粉砂岩等。

变质岩影像特征描述要点应根据原岩的性质，参照沉积岩或侵入岩的描述要点描述。

表6-1 变质岩调查内容

变质程度	岩石类型
区域变质岩	板岩、千枚岩、片岩、片麻岩、麻粒岩
动力变质岩	构造角砾岩、糜棱岩
接触变质岩	角岩、矽卡岩
混合岩	混合岩、混合片麻岩、混合花岗岩

3. 侵入岩

按酸性程度,划分为花岗岩、闪长岩、辉长岩、超镁铁质岩类。可根据矿物成分和岩石波谱特征差异进一步划分(表6-2)。

侵入岩的解译与识别应包括侵入体的平面几何形态、与围岩接触界线特征(侵入接触、沉积接触、断层接触)、接触带附近围岩变形特征、侵入体内部分带特征、侵入体之间相互作用关系(穿刺、吞蚀、同心等空间结构标志)、侵入岩体地形、地貌等内容,以提供侵入岩的侵位机制、形成次序等信息。

侵入岩影像特征描述要点:色调、形态、地形地貌、影纹结构。

表6-2 侵入岩与火山岩调查内容

酸碱度	侵入岩类型	火山岩类型	脉岩
基性、钙碱性	辉长岩	玄武岩	辉长岩脉
中性、钙碱性	闪长岩	安山岩	辉绿岩脉
中性、钙碱性—碱性	花岗闪长岩	英安岩	
	二长岩	角斑岩	
酸性、钙碱性	花岗岩	流纹岩	花岗岩脉
	正长岩	粗面岩	

4. 火山岩

火山岩包括由火山喷发作用和溢流作用达到地表的各种熔岩、碎屑熔岩及火山碎屑岩,也包括与火山喷发(溢流)作用有关的火山通道相岩石和超浅成侵入相岩石。按酸性程度,它可划分为流纹岩、安山岩、玄武岩三大类。

火山岩的解译与识别应包括它常见的构造,如枕状、柱状节理、流纹等构造识别;包括裂隙式、熔透式、中心式等喷发方式的判别;包括溢流、爆发、侵出、火山颈、次火山、火山沉积等火山活动产物的产出形态及岩石特征划分的相;包括火山机构、火山盆地的圈定及其火山构造、火山盆地与区域断裂的关系。

火山机构影像特征描述要点:形态、地形地貌、水系特征。

5. 脉岩

脉岩解译可按酸性程度进行识别,如酸性岩脉、中性岩脉、基性岩脉等。当脉岩在遥感影像中解译程度高时,可以进一步区分为石英脉、花岗岩脉、闪长岩脉、辉长岩脉、辉绿岩脉、超基性岩脉、煌斑岩等。

6. 第四系

第四系解译分类方法参照表6-3,根据第四系地质体的遥感解译标志,按照成因分类,划分冲积、洪积、冲洪积、坡积、残积、残坡积、冰碛、冰水堆积、海积、风积、湖积、冲湖积、火山堆积和湖沼堆积等成因类型,解译圈定第四系。第四系地质体和新构造断裂的遥感解译标志和分类标准,利用最新遥感数据分别进行地质解译,编制成果图件。进行重点区第四纪地层的划分和标示,采用的分类标准如下。

表 6-3 第四纪地层类型划分表

时代		沉积类型	代号
第四系	全新统	冲积、坡洪积、冲洪积、残积、坡积、残坡积、冰碛、冰水堆积、海积、风积、湖积、沼泽堆积	Qh^{al}、Qh^{spl}、Qh^{pal}、Qh^{el}、Qh^{sl}、Qh^{esl}、Qh^{gl}、Qh^{fgl}、Qh^{m}、Qh^{eol}、Qh^{l}、Qh^{fl}
	上更新统	冲积、坡洪积、冲洪积、残积、坡积、残坡积、冰碛、冰水堆积、风积、湖积、沼泽堆积	Qp_3^{al}、Qp_3^{spl}、Qp_3^{pal}、Qp_3^{el}、Qp_3^{sl}、Qp_3^{esl}、Qp_3^{gl}、Qp_3^{fgl}、Qp_3^{eol}、Qp_3^{l}、Qp_3^{fl}
	中更新统	冲积、坡洪积、冲洪积、残积、坡积、残坡积、冰碛、冰水堆积、风积、湖积、沼泽堆积	Qp_2^{al}、Qp_2^{spl}、Qp_2^{pal}、Qp_2^{el}、Qp_2^{sl}、Qp_2^{esl}、Qp_2^{gl}、Qp_2^{fgl}、Qp_2^{eol}、Qp_2^{l}、Qp_2^{fl}
	下更新统	冲积、坡洪积、冲洪积、残积、坡积、残坡积、冰碛、冰水堆积、湖积、沼泽堆积	Qp_1^{al}、Qp_1^{spl}、Qp_1^{pal}、Qp_1^{el}、Qp_1^{sl}、Qp_1^{esl}、Qp_1^{gl}、Qp_1^{fgl}、Qp_1^{l}、Qp_1^{fl}

7. 构造解译

断裂构造包括新构造断裂和稳定性断裂两类。按照规模、切割深度,对地层、地形地貌单元的控制作用,划分岩石圈断裂、区域性断裂和一般断裂三级(表6-4、表6-5),并用三级红色线段表示。稳定性断裂用黑色线段表示。查清断裂性质,包括压性、张性、走滑、性质不明断裂四类,同时要求标明断裂活动性,属活动断裂或不活动断裂。查清断裂走向及倾向倾角信息。能直接从影像上解译的直接从影像解译,不能解译的通过实地调查或者通过收集资料获取。

1)断裂构造解译

断裂构造解译时,从断层的运动方式所形成的影像特征以及区域构造应变特征进一步识别出正断层、逆断层、平移断层及它们之间的混合类型,对仅表现为线性但无法判定的,可定为性质不明断层。

对韧性剪切带进行几何学解译,包括总体方位、面理产状及其变化,展布范围,韧性剪切带内、外的变形情况,根据剪切带中卷入及未卷入剪切变形的地质体,推断剪切带的形成过程。

断裂构造影像特征描述要点:色调特征、形态特征、影纹结构、岩性地层、地质构造、地貌特征及水系特征。

2)褶皱构造解译

依据褶皱构造的平面形态,在影像中解译出穹隆构造、构造盆地、短轴褶皱、线状褶皱等。并根据褶皱的形态特征、两翼地层的产状及对称性、褶皱转折端产状,推断褶皱轴面和枢纽的产状,结合野外查证确定褶皱类型。根据组成褶皱岩层的倾向和新老顺序确定褶皱的性质,利用立体观察技术手段,研究褶皱的变形特点、转折端位置及产状。

褶皱构造影像特征描述要点:色彩(调)特征、形态特征、地形特征、岩性地层。

表 6-4 区域性断裂构造分类标准表

断裂级别	断裂性质	判别依据	图示方式
岩石圈断裂	压性(逆冲断层)	线性影像清晰,延伸规模宏伟,航磁、重力异常明显,地震发育,同时参考已知地质资料进行判别	一级红色线段
	张性(正断层)		
	走滑		
	性质不明断裂		
区域性断裂	压性(逆冲断层)	线性影像清晰,延伸规模中等,对区域地体起控制作用	二级红色线段
	张性(正断层)		
	走滑		

表 6-5 一般断裂构造分类标准表

断裂级别	断裂性质	判别依据	图示方式
一般断裂	压性(逆冲断层)	规模较小断裂	三级红色线段
	张性(正断层)		
	扭性		
	性质不明断裂		
	性质不明断裂		

(四)地貌类型划分及解译图编制

利用遥感数据开展地形地貌解译,调查地形地貌的成因、物质类型、地貌形态及分布,计算坡度、高差、坡向、地势起伏度、地面破碎程度和地形割裂程度,形成专题成果图件。

(1)成因类型:构造地貌(Ⅰ)、火山地貌(Ⅱ)、流水地貌(Ⅲ)、湖泊地貌(Ⅳ)、海滨地貌(Ⅴ)、风成地貌(Ⅵ)、冰川地貌(Ⅶ)7类。

(2)成因形态:褶皱侵蚀山地、断(坳)陷平原、断隆台地、新近纪火山岩地貌、河谷地貌、残坡积平原、水蚀地貌、渠道、湖沼湿地、湖滨阶地、海滨平原、海滨台地、滩涂地貌、风积平原、风蚀地貌、侵蚀、堆积17类。

(3)物质形态:按表6-6执行。

第六章 流域重点区基础地质遥感调查

表6-6 地貌类型划分表

成因类型	代号	成因形态	代号	物质形态	代号	微地貌形态
构造地貌	I	褶皱侵蚀山地	I$_2$	侵(冰)蚀沉积岩高山 (海拔3500～5000m) 侵(冰)蚀变质岩高山 (海拔3500～5000m) 侵(冰)蚀侵入岩高山 (海拔3500～5000m) 侵(冰)蚀火山岩高山 (海拔3500～5000m)	I$_{211}$ I$_{212}$ I$_{213}$ I$_{214}$	平原丘陵 (坡度5°～15°)(1) 低倾缓丘陵 (坡度15°～25°)(2) 中倾缓丘陵 (坡度25°～35°)(3) 高倾缓丘陵 (坡度≥35°)(4)
				侵(冰)蚀沉积岩中山 (海拔1000～3500m) 侵(冰)蚀变质岩中山 (海拔1000～3500m) 侵(冰)蚀侵入岩中山 (海拔1000～3500m) 侵(冰)蚀火山岩中山 (海拔1000～3500m)	I$_{221}$ I$_{222}$ I$_{223}$ I$_{224}$	
				侵(冰)蚀沉积岩低山 (海拔500～1000m) 侵(冰)蚀变质岩低山 (海拔500～1000m) 侵(冰)蚀侵入岩低山 (海拔500～1000m) 侵(冰)蚀火山岩低山 (海拔500～1000m)	I$_{231}$ I$_{232}$ I$_{233}$ I$_{234}$	
				沉积岩丘陵 (海拔250～500m) 变质岩丘陵 (海拔250～500m) 侵入岩丘陵 (海拔250～500m) 火山岩丘陵 (海拔250～500m)	I$_{241}$ I$_{242}$ I$_{243}$ I$_{344}$	

续表 6-6

成因类型	代号	成因形态	代号	物质形态	代号	微地貌形态
构造地貌	I	断（坳）陷平原	I_3	砂土质湖积平原	I_{31}	平坦平原(1) 倾斜平原(2) 起伏平原(3)
				盐碱质湖积平原	I_{32}	
				黏土质湖积平原	I_{33}	
				淤泥湖积平原	I_{34}	
				砾石质冰水堆积平原	I_{35}	
				砂土质冲积平原	I_{36}	
				砂砾质冲洪积平原	I_{37}	
				砂砾质冰碛平原	I_{38}	
		断隆台地	I_4	漂砾质冰碛台地	I_{41}	平坦(1) 倾斜(2) 起伏(3)
				砾石土质冰碛被	I_{412}	
				砾石土质冰水堆积台地	I_{43}	
				砂土质湖积台地	I_{44}	
				砂砾质冲洪积台地	I_{45}	
				基岩剥蚀台地	I_{46}	
				砾土质剥蚀台地	I_{47}	
火山地貌	II	新近纪火山岩地貌	II_1	玄武岩平原	II_{11}	平坦平原(1) 倾斜平原(2) 起伏平原(3)
				玄武岩台地	II_{12}	
				玄武岩丘陵	II_{13}	平原丘陵 （坡度 5°~15°）(II_{131}) 低倾缓丘陵 （坡度 15°~25°）(II_{132}) 中倾缓丘陵 （坡度 25°~35°）(II_{133}) 高倾缓丘陵 （坡度≥35°）(II_{134})
				玄武岩山地	II_{14}	
				火山熔岩被	II_{15}	
				火山机构	II_{16}	火山口（II_{161}） 火山湖（II_{162}） 火山锥（II_{163}）

第六章 流域重点区基础地质遥感调查

续表 6-6

成因类型	代号	成因形态	代号	物质形态	代号	微地貌形态
流水地貌	Ⅲ	河谷地貌	Ⅲ$_1$	泥砾质河谷平原	Ⅲ$_{11}$	河道（Ⅲ$_{111}$）、河漫滩（Ⅲ$_{112}$）、边滩（Ⅲ$_{113}$）、心滩（Ⅲ$_{114}$）、江中岛（Ⅲ$_{115}$）、牛轭湖（Ⅲ$_{116}$）、古河道（Ⅲ$_{117}$）
				泥砂砾质谷坡阶地	Ⅲ$_{12}$	一级（Ⅲ$_{121}$）二级（Ⅲ$_{122}$）三级（Ⅲ$_{123}$）
				黄土谷坡阶地	Ⅲ$_{13}$	一级（Ⅲ$_{131}$）二级（Ⅲ$_{132}$）三级（Ⅲ$_{133}$）
		残坡积平原	Ⅲ$_2$	碎石土质残坡积平原	Ⅲ$_{21}$	平坦（坡度≤5°）(1) 倾斜（坡度≥5°）(2) 起伏（地形波状起伏）(3)
				碎石土质残积平原	Ⅲ$_{22}$	
				碎石土质坡积平原	Ⅲ$_{23}$	
				碎石土质坡洪积平原	Ⅲ$_{24}$	
		水蚀地貌	Ⅲ$_3$	雅丹	Ⅲ$_{31}$	
				丹霞	Ⅲ$_{32}$	
		渠道	Ⅲ$_4$	人工明渠（重大水利工程）	Ⅲ$_{41}$	
				人工暗渠（重大水利工程）	Ⅲ$_{42}$	
湖泊地貌	Ⅳ	湖沼湿地	Ⅳ$_1$	泥砾质沼泽湿地	Ⅳ$_{11}$	
				泥炭质沼泽湿地	Ⅳ$_{12}$	
		湖滨阶地	Ⅳ$_2$	亚黏土和亚黏土堆积阶地	Ⅳ$_{21}$	
海滨地貌 风成地貌	Ⅴ	海滨平原	Ⅴ$_1$	砂土质海滨平原	Ⅴ$_{11}$	
				泥质海滨平原	Ⅴ$_{12}$	
				生物质海滨平原	Ⅴ$_{13}$	
				基岩海滨平原	Ⅴ$_{14}$	
				砂土三角洲平原	Ⅴ$_{15}$	
				淤泥、砂土质潟湖平原	Ⅴ$_{16}$	
				淤泥、砂土质潟湖湖滨平原	Ⅴ$_{17}$	

续表 6-6

成因类型	代号	成因形态	代号	物质形态	代号	微地貌形态
海滨地貌 风成地貌	V	海滨台地	V_2	砂质海滨台地	V_{21}	
				泥质海滨台地	V_{22}	
				生物质海滨台地	V_{23}	
				淤泥、砂土质潟湖台地	V_{24}	
				基岩海滨平原	V_{25}	
		滩涂地貌	V_3	沙质海滩	V_{31}	
				泥质海滩	V_{32}	
				贝壳堤(海滩)	V_{33}	
				生物海滩	V_{34}	
				基岩海滩	V_{35}	
	Ⅵ	风积平原	$Ⅵ_1$	沙地	$Ⅵ_{11}$	沙丘(1)链脊(2)
		风蚀地貌	$Ⅵ_2$	砂土、亚砂土残丘(雅丹)	$Ⅵ_{21}$	
				基(裸)岩	$Ⅵ_{24}$	
冰川地貌	Ⅶ	侵蚀	$Ⅶ_1$	基岩侵蚀	$Ⅶ_{11}$	冰斗($Ⅶ_{111}$)、刃脊($Ⅶ_{112}$)、角峰($Ⅶ_{113}$)、冰川槽谷($Ⅶ_{114}$)

遥感第四纪地层、地貌解译图比例尺以1∶5遥感地质解译的相关规范为参照,在对解译信息筛选、归并和分析的基础上,对第四系地质和地形地貌等进行解译。线性地质体图面长度大于1.5cm,面状地质体图面面积大于1cm²,对于长度、面积不够,但有重要意义的上述地质体,在图上放大标注。

(五)生态环境地质遥感解译

在收集、总结分析已有资料的基础上,结合区内地质解译图,利用卫星遥感图像,对区内滑坡、崩塌、泥石流、湖泊、湿地、额尔古纳河侵蚀等环境地质和灾害地质信息进行解译,对其背景信息,如地质条件、地形地貌、水系水体分布特征、气候变化趋势、植被发育程度、人类活动状况等进行分析,总结环境地质类型、特征、分布范围和规律及其对环境的影响,在此基础上,结合重要设施分布情况,编制相关的专题应用图件。

1. 土地资源遥感调查

以2016年遥感数据为主,开展全区土地覆被、土地后备资源遥感调查,进行土地适宜性评价。

土地覆被,是覆盖地表的自然营造物和人工营造物的综合体。侧重于土地的自然属性,对地表覆盖物(包括已利用和未利用)进行分类。在土地覆盖调查研究工作中,常将土地利用合并考虑,建立一个统一的分类系统。

2. 土地覆被分类

土地覆被分类体系为 6 个一级，20 个二级。土地覆被分类体系见表 6-7。

表 6-7 土地覆被分类系统

一级类型	二级类型	
	地类代码	用地类型
耕地	11	水田
	12	旱田
林地	21	有林地
	22	灌木林
	23	其他林地
草地	31	高覆盖度草地
	32	中覆盖度草地
	33	低覆盖度草地
水域	41	河渠
	42	湖泊
	43	水库坑塘
城乡、工矿、居民用地	51	城镇用地
	52	工矿用地
未利用土地	61	沙地
	62	戈壁
	63	盐碱地
	64	沼泽地
	65	裸土岩
	66	裸岩石砾地
	67	其他

（六）额尔古纳河河道变迁解译

额尔古纳河河道变迁解译包括岸线走向、长度、线性断裂构造发育状况、地层岩性组成、河岸塌岸与侵蚀等解译。根据塌岸形式的差异划分土体塌岸类型。

重点区内基本全部为土体江岸，根据塌岸形式的差异将土体塌岸类型分为：浅层剥蚀缓变片状塌岸、深层侧蚀缓变条状塌岸和深层侧蚀突变窝状塌岸，岩体江岸滑动、错落型塌岸和崩落型塌岸。

浅层剥蚀缓变片状塌岸主要发生在岩土体较为松软、岸坡较低缓的低漫滩，水位升高后在江水不断冲蚀作用下，表层逐渐被剥蚀或表层发生土溜或滑动。此外，洪水淹没浸泡，洪水回落时产生卸荷作用也会导致片状塌岸。

深层侧蚀缓变条状塌岸主要发生在较顺直、拉张裂隙发育的黏性土岸段，岸坡较高、坡度较陡峭,当拉张裂隙充水后,抗剪强度降低,土体在重力作用下沿斜坡发生蠕滑,滑动速度与含水量有关。

深层侧蚀突变窝状塌岸主要表现在岸坡较陡,海拔较高的凹岸段。一般可见形式有两种。一是在中高水位时,江水抵达坡角的砂层处,在强烈的横向环流作用下,对松散砂层进行冲刷、淘空,上部的土体在重力作用下坍塌形成塌岸。二是在同样的条件下,横向环流作用形成的深槽、冲坑横向发展,逼近岸边,使坡角处产生卸荷作用,随之形成窝状塌岸。

重点区主要为土岸,因此只对土岸的塌岸速率进行划分。塌岸速率是一个平均值,与调查精度,观测系列长短、资料丰富程度等诸多因素有关,所以是一个相对量化的指标。此次调查我们主要以两期遥感卫星数据作对比,动态监测松阿察河及乌苏里江的塌岸情况,同时套比不同时期的地形图做有益的补充。

依据重点区的塌岸速率,欲将塌岸程度划分为 5 个级别(表 6-8)。

表 6-8 塌岸等级划分表

塌岸程度	极严重	严重	较严重	较轻	稳定
塌岸速率	>10m/a	5~10m/a	1~5m/a	<1m/a	<0.1m/a

综合上述两个因素,并结合已有的地球物理、地震等资料,从工程地质角度分析河岸稳定性。我们将岸体分基本稳定、次不稳定、不稳定和极不稳定四级。

(七)水文地质调查

遥感解译依据前人调查成果中进行室内初步解译并建立的解译标志、室内详细解译、野外验证的程序进行。在编制设计书前应完成室内初步解译,供编制设计使用。后三个阶段的工作与野外调查同时进行。遥感解译要与野外调查紧密结合,不断丰富不同地质体和地质现象的解译标志,提高解译成果的准确度。

水文地质调查包括地表水、浅层地下水遥感调查。研究水资源分布规律、开发利用程度,编制重点区1∶5万浅层地下水水文地质图。

(1)地表水遥感调查:以 SPOT-5 为主,进行地表水遥感解译和信息提取,提取河流、湖泊、水库、沼泽等地表水域面积及分布情况。根据野外调查解译出泉点、泉群、泉域、地下水溢出带出露位置。

(2)浅层地下水遥感调查:以收集浅层地下水资料为主,使用遥感数据为辅,解译含水岩组岩性、泉水分布、储水地质构造及富水特征,查明浅层地下水赋存条件、分布规律、补给、径流、排泄条件。

(八)工程岩组遥感解译

岩体工程地质类型按其岩体的成因、岩体结构及岩性特征进行划分。划分原则是根据岩体的成因对岩体进行一级划分,将岩体划分为三大建造类型,即岩浆岩建造、沉积岩建造和变质岩建造。

上覆土类型主要是指第四系松散土层和基岩风化壳,首先根据其粒度、成分、性质和主要工程地质特征进行一级划分,然后根据其垂向结构特征进行二级划分,从而确定土体工程地质类型(表6-9)。

表6-9 土体工程地质分类表

一级类型		二级类型		分类标准			三级类型	
名称	代码	名称	代码				名称	代码
巨粒类土	Ⅵ	巨粒土	Ⅵ₁	巨粒含量>75%	漂石含量>卵石含量		漂石(块石)	B
					漂石含量≤卵石含量		卵石(碎石)	Cb
		混合巨粒土	Ⅵ₂	50%<巨粒含量≤75%	漂石含量>卵石含量		混合土漂石(块石)	BSl
					漂石含量≤卵石含量		混合土卵石(块石)	CbSl
		巨粒混合土	Ⅵ₃	15%<巨粒含量≤50%	漂石含量>卵石含量		漂石(块石)混合土	SlB
					漂石含量≤卵石含量		卵石(碎石)混合土	SlCb
粗粒类土	Ⅶ	砾类土	Ⅶ₁	砾粒组含量>砂粒组含量	细粒含量<5%		砾	G
					5%≤细粒含量<15%		含细粒土砾	GF
					15%≤细粒含量<50%	细粒土质砾	黏土质砾	GC
							粉土质砾	GM
		砂类土	Ⅶ₂	砾粒组含量≤砂粒组含量	细粒含量<5%		砂	S
					5%≤细粒含量<15%		含细粒土砂	SF
					15%≤细粒含量<50%	细粒土质砂	黏土质砂	SC
							粉土质砂	SM
细粒类土	Ⅷ	含粗粒的细粒土	Ⅷ₁	25%<粗粒组含量≤50%	砾粒组含量>砂粒组含量		含砾细粒土	…+G
					砾粒组含量≤砂粒组含量		含砂细粒土	…+S
		细粒土	Ⅷ₂	粗粒组含量≤25%	$I_p \geq 0.73(\omega_L-20)$ 和 $I_p \geq 4$	$\omega_L \geq 50\%$	黏土 高液限黏土	CH
						$\omega_L<50\%$	低液限黏土	CL
					$I_p<0.73(\omega_L-20)$ 和 $I_p<4$	$\omega_L \geq 50\%$	粉土 高液限粉土	MH
						$\omega_L<50\%$	低液限粉土	ML
					$I_p=0.73(\omega_L-20)$ 以上和 $4 \leq I_p<7$		黏土或粉土	CL-ML
					有机质含量 5%≤OM<10%		有机质土	…+O
					有机质含量≥10%		有机土	

注:粒组粒径 d(mm):巨粒 $d>60$,其中,漂石 $d>200$,卵石 $60<d \leq 200$;粗粒 $0.075<d \leq 60$,其中,砾粒 $2<d \leq 60$,砂粒 $0.075<d \leq 2$;细粒 $d \leq 0.075$,其中,粉粒 $0.005<d \leq 0.075$,黏粒 $d \leq 0.005$

将冰碛、残坡积以及冰水台地划分为硬土;洪积、河床相沉积、旱田及水浇地划分为普通土;水田、沼泽及湿地划分为松土;沙化土、风积、盐渍土、冻土等划分为特殊类土。

岩石类型根据硬度划分为坚硬岩、较坚岩、较软岩、软岩、极软岩5类,根据风化程度将5

个等级的岩体划分成 10 个亚类,详见工程地质类型分类标准表(表 6-10)。

风化层解译根据地质年代、岩性、构造、坡度、植被、水系等因子进行。

不同岩石类型抗风化能力不同,这源于它们的岩性差别,因此准确地解译岩性是岩石风化遥感解译的重要前提。额尔古纳河右岸可以通过野外观察、采样等方法进行分析,可通过岩性解译方法中提到的方法解译。

构造活动决定了岩石的破碎程度和残积物、坡积物及第四纪沉积物的分布情况。岩石的破碎程度又会影响风化程度。残积物、坡积物、第四纪沉积物关系松散体堆积的厚度,对岩性风化遥感解译有重要的影响作用。

地形地貌对岩石风化的影响:不同岩性的岩石经过风化后,经外动力作用搬运,最终形成特征鲜明的地貌特征和水系形态。通过不同的地貌单元分析水系形态,可以对岩性风化程度进行判断。因此,地形地貌分析是岩性风化遥感解译的主要依据之一。

表 6-10 工程地质类型分类标准表

一级类型	硬度等级	二级类型	硬度等级	代表性岩石或地层	UCS/MPa
坚硬岩	Ⅰ	坚硬岩 A	I_1	未风化的:辉长岩、玄武岩、安山岩1、凝灰质砂岩、火山基性熔岩、气孔状玄武岩、辉绿岩、石英砂岩	≥150
		坚硬岩 B	I_2	1. 微风化的 I_{A1} 级岩石; 2. 未风化的:闪长岩,中细粒花岗岩,花岗闪长岩,正长岩,安山岩2,石英砂岩,石英岩,混合花岗岩,安山岩,流纹岩,长石石英岩,石英岩,粗面岩,二长花岗岩,二长花岗岩,黑云母花岗岩,黑云母花岗岩,黑云母斜长花岗岩,花岗闪长岩,闪长岩(互),花岗闪长岩、细粒花岗岩(互),花岗岩,花岗岩,花岗闪长岩(互),辉石闪长岩,混合斜长花岗岩,钾长花岗岩,碱长花岗岩,石英二长闪长岩,石英岩(互),石英岩(夹),似斑状二长花岗岩,细粒二长花岗岩,细粒花岗闪长岩,细粒花岗岩,细粒钾长花岗岩,细粒闪长岩,细粒石英闪长岩,细粒似斑状二长花岗岩,斜长花岗岩,正长花岗岩,中细粒花岗闪长岩,流纹岩,斜长角闪岩	115～150
		坚硬岩 C	I_3	1. 微风化的 I_{A2} 级岩石; 2. 弱风化的 I_{A1} 级岩石; 3. 未风化的:粗粒花岗岩,火山角砾岩,长石石英砂岩,片麻岩1,变粒岩1,变粒岩,粗粒花岗闪长岩,混合变粒岩,混合片麻岩,混合片麻岩混合变粒岩,里尔峪组混合岩,石英岩、变粒岩(夹),斜长角闪片麻岩,中粗粒黑云母花岗岩,中粗粒花岗岩,中粗粒石英正长岩,中粒二长花岗岩,中粒黑云母花岗岩,中粒花岗闪长岩,中粒似斑状二长花岗岩	80～115
		坚硬岩 D	I_4	1. 微风化的 I_{A3} 级岩石; 2. 弱风化的 I_{A1}、I_{A2} 级岩石; 3. 未风化的:砂岩,片麻岩2,变粒岩2,变粒岩,片麻岩,片麻岩(互),变粒岩,浅粒岩,火山熔岩,流纹斑岩脉,浅粒岩变粒岩,闪长玢岩,石英斑岩,火山集块岩,砾岩(胶结较好)	60～80

续表 6-10

一级类型	硬度等级	二级类型	硬度等级	代表性岩石或地层	UCS/MPa
较坚硬岩	Ⅱ	较坚硬岩A	Ⅱ$_1$	1. 微风化的Ⅰ$_{A4}$级岩石； 2. 弱风化的Ⅰ$_{A1}$、Ⅰ$_{A2}$、Ⅰ$_{A3}$级岩石； 3. 未风化的：花岗斑岩，砾岩（胶结一般），白云岩，石灰岩，大理岩，白云大理岩，白云岩、粉砂岩（互夹其他），白云岩、灰岩（互），斑状二长花岗岩，大理岩，片麻岩2（互），混合岩，火山碎屑岩，火山碎屑岩、安山岩1（互），砾岩、长石石英砂岩（互），砾岩、砂岩（互），砾岩、砂岩（夹），砂页岩、砾岩（互），石灰岩、白云岩（互），石灰岩、白云岩（夹），石灰岩、白云质灰岩，石灰岩、泥灰岩，页岩、石灰岩（夹），石英砂岩、页岩（夹），中酸性熔岩，火山碎屑岩，火山碎屑岩（火山灰胶结），中粒砂岩，石英片岩	40～60
		较坚硬岩B	Ⅱ$_2$	1. 微风化的Ⅰ$_{B1}$级岩石； 2. 弱风化的坚硬岩； 3. 未风化的：巨斑状花岗岩，凝灰岩，细砂岩，泥灰岩，粉砂岩，片岩，安山质凝灰熔岩，安山岩1（互），安山质凝灰岩，变质石英砂岩、碎屑岩，长石石英岩，片岩（夹），大理岩、二长岩（夹），大理岩、片岩（夹），二云片岩，二云片岩、大理岩（夹），粉砂岩、白云岩（夹），粉砂岩、砾岩（互），粉砂岩、石灰岩（夹），粉砂岩、石英砂岩（互），粉砂岩、页岩（互夹其他），粉砂岩、泥灰岩、灰岩（互），凝灰岩、粗面岩，凝灰岩、粉砂岩（互），凝灰岩、碱性粗面岩（互），凝灰岩、凝灰质砂砾岩（互），凝灰岩、凝灰质砂岩（夹），凝灰质砂岩、粉砂岩（互），砂岩、粉砂岩，砂岩、粉砂岩（互），砂岩、砾岩（互），砂岩、砾岩（夹），砂岩、泥灰岩（互），砂岩、凝灰岩（互），砂岩、凝灰质砂岩（互），石英岩，片岩（夹），太古代安道尔基性－超基性杂岩，气孔状玄武岩，长石砂岩，岩屑砂岩，蛇纹大理岩，硼矿	30～40
较软岩	Ⅲ	软岩A	Ⅲ$_1$	1. 强风化的坚硬岩； 2. 弱风化的Ⅰ$_{B1}$级岩石； 3. 微风化的Ⅰ$_{B2}$级岩石； 4. 未风化的：浮岩，生物碎屑灰岩，板岩，千枚岩，粉砂岩、页岩（夹），含煤碎屑岩系，片岩、板岩，千枚岩、片岩、板岩（互），千枚岩、大理岩（互），千枚岩、大理岩（夹），千枚岩、粉砂岩（互），千枚岩（夹），生物碎屑灰岩、白云岩（互），生物屑灰岩、泥灰岩，灰岩、页岩（夹），碎屑灰岩，碳质板岩，二云片岩，页岩、白云岩（夹），页岩、长石砂岩（互），页岩、粉砂岩，页岩、灰岩（互夹其他），页岩、灰岩（互），页岩、砾屑灰岩（互），页岩、泥灰岩（互），页岩、泥灰岩（夹），页岩、砂岩（互），紫色泥岩，蛇纹岩	23～30

续表 6-10

一级类型	硬度等级	二级类型	硬度等级	代表性岩石或地层	UCS/MPa
较软岩	Ⅲ	较软岩 B	Ⅲ₂	1.强风化的坚硬岩; 2.弱风化的较坚硬岩; 3.微风化的Ⅱ$_{A1}$级岩石; 4.未风化的:页岩,钙质页岩,灰岩(互),砾岩泥岩,砾岩、页岩(夹),砂岩、页岩(互),页岩、煤(夹),砾屑灰岩,滑石矿	15~23
软岩	Ⅳ	软岩 A	Ⅳ₁	1.强风化的坚硬岩; 2.弱风化—强风化的较坚硬岩; 3.弱风化的较软岩; 4.未风化的:泥岩,泥质页岩,绿泥石片岩,绢云母片岩等	5~15
极软岩	Ⅴ	极软岩 A	Ⅴ₁	1.全风化的各种岩石; 2.强风化的软岩; 3.各种半成岩,如黄土	≤5

注1:岩石后标注1、2的,1表示岩石致密坚硬,可划分为较高级别;2表示岩石较致密坚硬,可划分为较低级别;
注2:互指互层,夹指夹层,互夹其他指互层或夹层中有其他未列出的岩性

(九)地质灾害专题解译

地质灾害专题解译利用最新遥感数据开展地质灾害调查,编制成果图件。主要调查滑坡、泥石流、崩塌的成因、规模及对工程稳定性和工程设施的影响(表 6-11)。

表 6-11 滑坡、泥石流、崩塌规模级别划分标准

级别	滑坡/×10^4 m³	泥石流/×10^4 m³	崩塌/×10^4 m³
巨型	>100	>50	>1
大型	10~100	20~50	1~0.5
中型	1~10	0.625~2	0.1~0.5
小型	<1	<0.625	<0.1

调查比例尺如下:
(1)对整个地区进行 1∶5 万比例尺的专题调查。
(2)对典型地区进行 1∶1 万比例尺的专题调查。

(十)野外实地验证

根据项目专题因子遥感解译结果和综合研究内容,采用点、线与剖面相结合的野外调查方式,重点开展重点区地质类型、断裂构造性质、土地覆被程度及河道冲淤等内容的野外调查与验证工作。

剖面地质结构调查:针对不同地质特征区,选择不同地质剖面进行组成物质、结构、厚度等特征采集。

地质类型调查:在重点区,针对不同地质类型,采集力学性质样品,为工程地质承载能力分析提供科学依据。

国土资源环境专题因子验证:包括对断裂构造、土地覆被、河道冲淤等典型因子进行野外验证。

实地调查目的主要是验证室内建立的专题信息解译标志,确保所建立的标志涵盖所有的提取类型,以保证其代表性;验证信息提取的可靠性,实地核查有疑问的信息、补充遗漏的信息、修改误提信息。

地面野外核查采用控制面积强度的典型抽样方法。根据不同的调查内容和工作区域,按照一定的面积强度,抽取典型样地进行地面核查。对于有疑问的图斑,做到100%实地调查,对其他图斑,实地验证率不少于图斑的5%。

野外检查图斑控制在解译图斑总量的2%~5%,实际验证重点针对疑似图斑和遥感解译中有疑问的图斑进行,对于疑似图斑尽可能进行野外验证。

野外验证采用北斗、GPS等手持终端进行定位。

第三节 技术要求及执行标准

一、调查技术指标要求

(一)最小解译图斑

各专题根据相应的规范来制定最小解译图斑。

遥感第四纪地层、地貌解译图比例尺以1:5万遥感地质解译的相关规范为参照,在对解译信息筛选、归并和分析的基础上,进行第四系地质和地形地貌等解译。线性地质体图面长度大于1.5cm,面状地质体图面面积大于1cm²,对于长度、面积不够,但有重要意义的地质体,在图上放大标注。

(1)基础地质遥感解译:图面最小表达精度要求线性断裂构造长度不小于4cm,地质体不小于2cm×2cm。

(2)河道与湖泊遥感解译:1:5万比例尺的图面表达河流改道和摆动不小于2mm的河道,面积大于0.25km²的湖泊。

(3)典型地区重要设施及目标最小上图图斑为 $4mm^2$,微地貌最小上图图斑为 $6mm^2$,其他地类最小上图图斑为 $15mm^2$;宽度大于 10m 的线状地物均以图斑形式表示。

(4)所在解译闭合体边界误差≤1mm。

最终成果图件编制严格按照 1∶1 万、1∶5 万的相关规定与制图规范执行。

(二)专题要素解译准确率

各专题在室内初步解译的基础上,都进行了野外检查验证,在野外验证的基础上重新对室内解译的结果进行修改,最后成图分析。各专题要素的解译准确率都在 90% 以上。

二、数据格式要求

在遥感解译的基础上,不同类型要素采用不同的文件形式,点要素采用 Point 类型文件记录并录入属性,线要素采用 Line 文件记录并完成属性结构建立,面文件采用 Polgon 文件创建并建立属性结构。各属性字段要求按照标准格式进行填写,以 ArcGIS 格式创建 geodatebase 数据集,通过要素集的方式进行数据组织。

三、图件编制要求

(一)地理底图修编

1. 地理底图修编步骤

(1)首先要对重点区 1∶5 万地形图进行数据整理分类,因原始数据为 coverage 格式,首先进行层名更改。

(2)然后打开 ArcGIS,在图层里添加数据,打开原始地形图,把要素一个一个添加进来,再把每个数据都导出 SHP 格式,并保存。

(3)数据的合并整理、分层等。

(4)对整理完的数据进行投影。

(5)然后使用 ArcGIS 生成图件。

2. 地理底图修编内容

(1)本次重点对水系、道路、居民点进行地理要素更新和修编,其他要素适当更新,目的是满足重点区 1∶5 万制图对地理底图要素的需要,过密和过疏均不可取。最终提交数据格式为 ArcGIS,调整好字体、颜色、线型等专题要素表达内容。

(2)把数据投影为 Xian_1980_GK_Zone 基准。

(3)成图比例尺为 1∶5 万。

3. 地理底图修编要素及修编要求

全国1∶5万DLG数据根据不同的要素类型及几何特征,共分为14个数据层,具体内容见表6-12。

表6-12 地理底图修编要素表

要素类别	层名	主要要素	属性内容
水系	HYDNT	面状、线性河流、渠道,面状湖泊、水库、海岸线、各种滩地等	分类码、河流码、河流名称、湖泊名称、接口码
	HYDLK	不依比例尺水库、瀑布、泉、井、蓄洪区范围线、点状岛屿、各种礁等	分类码、河流名称、湖泊名称、接口码
居民地	RESPY	面状居民地	分类码、居民标准名称、接口码
	RESPT	点状居民地	分类码、居民标准名称、接口码
铁路	RAILK	铁路路线及附属物	分类码、铁路路线编号
公路	ROALK	公路、其他道路及附属物	分类码、路线编号、道路附属设施、接口码
境界与行政区	BOUNT	境界及行政区划	分类码、行政区划代码
	BOUPT	境界附属物	分类码、界碑编号
地形	TERNT	沼泽、盐田、水中滩、雪被、沙漠、戈壁等	分类码
	TERLK	等高线、等深线、高程点、三角点、冲沟、陡石山、火山、溶斗等	分类码、高程植
其他要素	OTHNT	自然保护区、长城等	分类码、名称、接口码
辅助要素	ATNLK	山峰名、散列地名中轴线等	分类码、名称、接口码
坐标网	GGDLN	15′×10′的经纬网(地理坐标系)	分类码、经纬度值
	NETLN	10km×10km的公里网(高斯克-吕格投影坐标系)	分类码、公里网坐标值
数据质量	QUAPY	编图资料分区	资料比例尺、年代、单位等

1)水系

(1)更新主干水系。

(2)原有水库、河流等要素保留不动,只更新发生重大变化的要素。

(3)重点补充遥感影像图上面新发现的常令湖、坑塘、堰塞湖等。

(4)修编要求解译影像可清晰判译的水系。线性水系重点补充新修建的引水渠道及河流改道形成的新河道。

(5)更新的线性水系类型为线要素;湖泊水面等为面要素和线要素。

2)公路

(1)只更新主干道。主干道改道部分进行更新,原有道路保持不变。

(2)在进行公路网改造的地区,重点修编遥感影像图上清晰可辨而地形数据没有标识的各等级道路。如道路的性质可知,在线型、颜色、属性等方面进行标示和注记。

(3)新修的高等级道路线路截弯取直,老线又没有废弃时,两者距离往往很近且交织在一起,修编时作为新的公路标示。

(4)道路修编时要保证道路的通达性。

3)居民地

(1)镇级以上居民地按影像特征勾绘外轮廓。

(2)新建村落勾绘外轮廓。

(3)原有 DLG 上已有表示居民点的面状图形周边的零星建筑和扩建建筑可不勾绘。

(4)依据图像的分辨能力,对新增建筑中有道路通过、房屋连片且大于 4 处的建筑进行解译。

(5)不删除老地形图上已有的居民地。

(6)解译的居民地不能是孤岛,必须有路。

(7)不能确认居民点类型的建筑,按"其他建筑区"赋属性。

4)地名

地名不更新。

5)坑塘

根据最新解译成果进行更新。

6)铁路

依据道路解译成果进行解译更新,不能判断属性的可以不赋值。

(二)成果图件编制

1. 遥感地质图

(1)编图单元:前新近纪地质体,参照技术标准执行。新近纪地质体,参照技术标准执行。

(2)断裂构造:断裂级别、性质参照技术标准执行。线段为红色。岩石圈断裂线宽 0.9mm,区域性大断裂线宽 0.6mm,小断裂线宽 0.3mm。

(3)解译推断断裂:线段为红色,间断线型,岩石圈断裂线宽 0.9mm,区域性大断裂线宽 0.6mm,小断裂线宽 0.3mm。

(4)构造类型:图例、图式,参照《区域地质图图例》(GB/T 958—2015)执行。

(5)地质界线:线段、线形、颜色,参照《区域地质图图例》(GB/T 958—2015)执行。

2. 地貌类型遥感解译图

(1)编图单元:四级地貌单元类型,参照技术标准执行。

(2)断裂构造:断裂级别、性质参照技术标准执行。线段为红色。岩石圈断裂线宽0.9mm,区域性大断裂线宽0.6mm,小断裂线宽0.3mm。

(3)稳定断裂构造断裂级别、性质参照技术标准执行。线段为黑色。岩石圈断裂线宽0.9mm,区域性大断裂线宽0.6mm,小断裂线宽0.3mm。

(4)构造类型:图例、图式,参照《区域地质图图例》(GB/T 958—2015)执行。

(5)地貌单元界线:按照地貌单元级别,一级地貌单元界线,线宽0.9mm;二级地貌单元界线,线宽0.6mm;三级地貌单元界线,线宽0.3mm。

3. 工程地质遥感解译图

(1)编图单元:工程岩组亚类型,参照技术标准执行。

(2)新断裂构造:断裂级别、性质参照技术标准执行。线段为红色。岩石圈断裂线宽0.9mm,区域性大断裂线宽0.6mm,小型断裂线宽0.3mm。

(3)稳定断裂构造:级别、性质参照技术标准执行。线段为黑色。岩石圈断裂线宽0.9mm,区域性大断裂线宽0.6mm,小型断裂线宽0.3mm。

(4)推断断裂构造:间断线型,线段为红色。岩石圈断裂线宽0.9mm,区域性大断裂线宽0.6mm,小型断裂线宽0.3mm。

(5)岩组界线:线段、线形、颜色,参照《区域地质图图例》(GB/T 958—2015)执行。

4. 水文地质遥感解译图

(1)编图单元:地下水富水地质环境亚类型,参照技术标准执行。

(2)松散堆积物类:按时代加成因类型表示。如早全新世冲积层(Qh^{al})。

(3)碳酸盐岩类:按岩性(灰岩、白云岩、大理岩)花纹加时代表示。

(4)富水断裂:级别、性质参照技术标准执行,线段为黑色。岩石圈断裂线宽0.9mm,区域性大断裂线宽0.6mm,小型断裂线宽0.3mm。

(5)富水的节理、裂隙、片理:断虚线,线段为黑色,线宽0.2mm。

(6)接触带、冷却面:黑色点线。

(7)褶皱构造:断虚线,线段为黑色,线宽0.1mm。

(8)古河道:形态信息,黑色线段,线宽0.15mm。

(9)地表水:河流湖泊用蓝色表示;泉用符号表示。

(10)地层界线:线段、线形、颜色,参照《区域地质图图例》(GB/T 958—2015)执行。

(11)图例图式:参照水文地质规范执行。

5. 土地覆被遥感解译图

(1)编图单元:二级地类单元,参照技术标准执行。

(2)编图单元界线:线段为实线,颜色为黑色,线宽0.01mm。

6. 地质灾害遥感解译图

(1)编图单元:以崩塌、滑坡、泥石流3种类型为单元,其中每种类型划分为巨型、大型、中型、小型4个等级。

(2)图式:参照《区域环境地质调查总则》(DD 2004—02)执行。

7. 额尔古纳河分布现状与动态变化遥感解译图

(1)分布现状编图单元:以河流与岛屿的岸线的侵蚀、淤积 2 种类型为单元。
(2)动态变化编图单元:以河流与岛屿岸线的侵蚀、淤积变化面积为单元。
(3)编图单元界线:线段为实线,线宽 0.15mm。

8. 地质灾害遥感解译图

(1)编图单元:地质灾害类型参照技术标准执行。
(2)编图单元界线:线段为实线、颜色为黑色,线宽 0.15mm。

第四节 遥感解译标志

本次遥感解译主要依据 SPOT-5、02C 和 GF-1 等不同分辨率的遥感影像特征的水系、影纹、色调、山体形态等综合影像特征,结合已有的地质资料,划分不同的影像地质单元,建立遥感地质体解译标志。

一、解译方法

本次工作采用本项目统一使用的 SPOT-5、02C 和 GF-1 影像,在充分吸收已有的基础地质资料基础上,以人机交互解译为主,辅以计算机自动识别技术解译方法;从地质研究程度高的典型区域和重点内容开展遥感综合解译,建立不同专题因子的解译标志,根据建立的解译标志对整个调查区进行详细的解译;针对解译成果开展必要的野外实地验证,然后根据野外验证成果修改解译成果,并最终建立区内遥感解译标志,形成遥感解译图件。

二、解译步骤

本次遥感解译采用以下几个步骤:初步解译、对比解译、详细解译、野外验证和综合解译。

首先使用 3 种不同分辨率的影像对额尔古纳河右岸地区进行初步解译,并对 3 种影像进行对比和分析,建立额尔古纳河右岸典型地区的初步解译标志,根据初步建立的解译标志,对全区进行解译,然后进行野外验证,根据野外验证结果,修改和完善解译标志,并进行对比解译、详细解译,建立和完善各类解译标志,根据解译标志和已有的成果资料进行综合解译。

三、专题因子遥感解译标志

据以往成果与目视解译经验,各个专题因子解译主要依据:①遥感影像不同专题因子边界特征在表面的不同色调特征,土壤及其含水性、风化程度和植被覆盖的分布差异性;②根据地形地貌形态的变化,从遥感影像形态和纹理特征的变化(突变、渐变)上确定不同专题因子界线;③根据水系的形态、密度、均匀性,从遥感影像的水系特征和纹理特征的变化(突变、渐变)上确定不同专题因子界线;④根据植被的类型、植被发育程度的变化,以及土地利用状况与不同专题因子界线的关系,从遥感影像色调和形态特征变化(突变、渐变)上确定不同专题因子界线(表 6-13、表 6-14)。

断裂构造解译要素的遥感影像表现为:①连续性或断续状延伸的线性纹理特征、具有相似属性的面状纹理特征,如线性陡坎、地震地表破裂带等;②影像中地貌纹理特征的错断或中断现象,如地层、地貌要素的突然断错及不连续,以及断错山脊、断错阶地、断错冲沟;③影像中存在线性排列的鼓包、挤压脊、断塞塘、拉分盆地、三角面或断层陡坎等微地貌;④水系异常标志,如水系、冲沟的突然中断、直角弯曲、同步扭动及拐弯,线性水体边界,如断头沟、断尾沟、冲沟同步位错等;⑤河流、冲沟一侧或两侧具有一定宽度的近水平延伸的阶梯状连续或断续状台阶平面,如河流阶地;⑥河流、冲沟出口处形成的扇形、弧形面状结构特征,如冲洪积扇;⑦影像中的汇水区域,如盆地、坳陷或洼地,以及冲沟、河流向四周发散的源头区域,如隆起、凸起;⑧有规则排列的峡谷、湖盆、沼泽等负地形和地下水溢出点;⑨影像中呈雁行斜列式或羽状分布的带状地表裂隙;⑩DEM 所揭示的地形异常标志,如地形坡度的陡变及不连续带,线性平直分界,如断层陡坎、断层崖、断层三角面。

表 6-13 SPOT-5 基础地质和工程地质特征、遥感影像特征

时代	地质代码	岩性	工程地质特征	影像特征	影像标志
元古宙	$Pt_1\gamma\delta$	花岗闪长岩	岩石类型为坚硬岩 D,岩石完整,节理不发育,风化程度为弱风化,土体类型为砂类土	在 SPOT-5 遥感影像上为土黄色和浅绿色色调;水系稠密,为树枝状水系;山脊尖棱,影纹为斑状影纹	
奥陶纪	$O\delta$	中粒闪长岩	岩石类型为坚硬岩 C,岩石较完整,节理较发育,风化程度为弱风化,土体类型为含粗粒的细粒土	在 SPOT-5 遥感影像上为绿色和土白色色调;水系稠密,为树枝状水系;山脊较尖棱	
石炭纪	$C\gamma\delta$	片麻状粗粒花岗闪长岩	岩石类型为较软岩 B,岩石破碎,节理发育,风化程度为强风化,土体类型为巨粒混合土	在 SPOT-5 遥感影像上为绿色和粉红色色调;水系稠密,为树枝状水系,水系沟谷较长;山脊较尖棱	

续表 6-13

时代	地质代码	岩性	工程地质特征	影像特征	影像标志
石炭纪	Cγπ	中细粒花岗斑岩	岩石类型为坚硬岩B,岩石较完整,节理较发育,风化程度为微风化,土体类型为巨粒混合土	在SPOT-5遥感影像上为绿色色调;水系相对较稠密,支沟较短,为树枝状水系;山脊较尖棱	
石炭纪	Cγ	粗粒钾长花岗岩	岩石类型为坚硬岩C,岩石较完整,节理较发育,风化程度为微风化,土体类型为巨粒混合土	在SPOT-5遥感影像上为绿色和粉色色调;水系较稀疏,为似平行状水系和树枝状水系;山脊较浑圆	
石炭纪	Cγ	粗粒花岗岩	岩石类型为较软岩A,岩石破碎,节理较发育,风化程度为强风化,土体类型为巨粒混合土	在SPOT-5遥感影像上为白色和绿色色调;水系稠密,为树枝状水系;山脊尖棱,影纹为斑状影纹	
二叠纪	Pγδ	中细粒花岗闪长岩	岩石类型为坚硬岩B,岩石较完整,节理较发育,风化程度为微风化,土体类型为巨粒混合土	在SPOT-5遥感影像上为浅白色色调;水系较稀疏,地形平坦	

续表 6-13

时代	地质代码	岩性	工程地质特征	影像特征	影像标志
二叠纪	Pγ	细粒花岗岩	岩石类型为坚硬岩D,岩石完整,节理不发育,风化程度为弱风化,土体类型为砂类土	在SPOT-5遥感影像上为灰绿色和灰土色色调;水系稠密,为向心状水系和树枝状水系;山脊较尖棱	
二叠纪	$P_\Pi\gamma$	粗粒二长花岗岩	岩石类型为极软岩A,岩石破碎,节理较发育,风化程度为全风化,土体类型为砾类土	在SPOT-5遥感影像上为浅灰绿色色调;水系较稠密,主沟为似平行状水系,支沟较短,为树枝状水系;山脊较尖棱	
二叠纪	Pγ	粗粒花岗岩	岩石类型为极软岩A,岩石破碎,节理较发育,风化程度为全风化,土体类型为含粗粒的细粒土	在SPOT-5遥感影像上为绿色色调;水系稀疏,为树枝状水系;地形较平缓;山脊圆浑	
侏罗纪	Jγ	细粒花岗岩	岩石类型为坚硬岩B,岩石完整,节理不发育,风化程度为微风化,土体类型为巨粒混合土	在SPOT-5遥感影像上为绿色和灰黄色色调;水系较稠密,为似平行状水系和树枝状水系;山脊较尖棱	

续表 6-13

时代	地质代码	岩性	工程地质特征	影像特征	影像标志
侏罗纪	Jγ	花岗岩	岩石类型为坚硬岩 B,岩石完整,节理不发育,风化程度为弱风化,土体类型为砂类土	在 SPOT-5 遥感影像上为浅绿色和浅黄绿色色调;水系稀疏,为树枝状水系,水系沟谷较长;山脊较尖棱	
侏罗纪	Jγ	花岗闪长岩	岩石类型为坚硬岩 D,岩石完整,节理不发育,风化程度为强风化,土体类型为含粗粒的细粒土	在 SPOT-5 遥感影像上为浅黄绿色色调;水系较为稀疏,影纹较为光滑,地形平坦	
青白口系佳疙瘩组	Qbj	斜长角闪片岩、卷云石英片岩	岩石类型为坚硬岩 B,岩石完整,节理不发育,风化程度为弱风化,土体类型为含粗粒的细粒土	在 SPOT-5 遥感影像上为浅绿色和土黄色色调;水系稀疏,为树枝状水系;地形较平缓;山脊圆浑	
额尔古纳河组	Ze	大理岩、白云岩夹变质粉砂岩、千枚状板岩、云母片岩	岩石类型为坚硬岩 B,岩石较完整,节理较发育,风化程度为微风化,土体类型为含粗粒的细粒土及砾类土	在 SPOT-5 遥感影像上为土灰色、浅灰白绿色色调;水系较稀疏,为似平行状水系;山脊较圆浑	

续表 6-13

时代	地质代码	岩性	工程地质特征	影像特征	影像标志
乌宾敖包组	$O_{1-2}w$	变质砂岩、变质火山岩	岩石类型为较软岩 B，岩石较破碎，节理很发育，风化程度为强风化，土体类型为含粗粒的细粒土及砾类土	在 SPOT-5 遥感影像上为土灰色、白色色调；水系稀疏，为树枝状水系；地形较为平缓；山脊较圆浑	
纳达罗夫组	$R_3\in$	白云岩、灰岩、泥灰岩、绢云片岩、粉砂岩	岩石类型为较软岩 B，岩石较破碎，节理很发育，风化程度为强风化，土体类型为含粗粒的细粒土及砾类土	在 SPOT-5 遥感影像上为土灰色和灰绿色色调；水系稀疏，为树枝状水系，沟谷较宽；地形较高；山脊较圆浑	
卧度河组	S_3w	粉砂质泥板岩、粉砂质泥岩	岩石类型为较软岩 A，岩石破碎，节理很发育，风化程度为强风化，土体类型为巨粒混合土	在 SPOT-5 遥感影像上为土灰色和黑色色调；水系较稀疏，为树枝状水系；山脊较圆浑	
新侬根河组	C_2x	长石杂砂岩、粉砂质板岩、板岩夹少量的灰岩	岩石类型为较软岩 A，岩石破碎，节理发育，风化程度为弱风化，土体类型为含巨粒混合土	在 SPOT-5 遥感影像上为灰黄色、绿色色调；水系较为稠密，为树枝状水系；影纹较杂乱	

续表 6-13

时代	地质代码	岩性	工程地质特征	影像特征	影像标志
红水泉组	C_1h	杂砂岩、板岩、灰岩夹凝灰岩	岩石类型为较软岩A,岩石较破碎,节理发育,风化程度为弱风化,土体类型为含粗粒的细粒土及巨粒混合土	在SPOT-5遥感影像上为绿色、白色和粉红色色调;水系稀疏,为树枝状水系和似平行状水系;地形较为平缓,山脊较圆浑	
塔木兰沟组	J_2tm	灰白色、灰黑色凝灰岩、火山碎屑岩夹碎屑岩	岩石类型为较坚硬岩B,岩石较破碎,节理较发育,风化程度为微风化,土体类型为含粗粒的细粒土及砾类土	在SPOT-5遥感影像上为粉色、深灰色色调;水系较稀疏,为树枝状水系;地形平缓	
满克头鄂博组	J_3mk	粉砂岩、粉砂质泥岩和安山质凝灰岩	岩石类型为较软岩A,岩石较完整,节理较发育,风化程度为弱风化,土体类型为巨粒混合土	在SPOT-5遥感影像上为深灰色、粉红色色调;水系稀疏,为树枝状水系,支沟较短;山脊较尖棱	
玛尼吐组	J_3mn	灰绿色、紫褐色中性火山熔岩、中酸性火山碎屑岩夹火山碎屑沉积岩	岩石类型为较坚硬岩A,岩石较完整,节理不发育,风化程度为微风化,土体类型为含粗粒的细粒土及砾类土	在SPOT-5遥感影像上为灰色和绿色色调;水系较稀疏,为树枝状水系;地形平缓;山脊较浑圆	

续表 6-13

时代	地质代码	岩性	工程地质特征	影像特征	影像标志
白音高老组	J_2b	凝灰质细砂岩、硅质砂岩	岩石类型为坚硬岩B，岩石较完整，节理较发育，风化程度为弱风化，土体类型为巨粒混合土	在SPOT-5遥感影像上为浅灰绿色、浅灰白色色调；水系稀疏，为树枝状水系，地形相对周围较高	
上侏罗统	$J_3\lambda\pi$	流纹斑岩、火山凝灰岩	岩石类型为坚硬岩D，岩石完整，节理不发育，风化程度为弱风化，土体类型为砂类土	在SPOT-5遥感影像上为浅黄绿色色调；水系稀疏，为不规则状水系；影纹较杂乱；地形较平坦	
梅勒图组	K_1m	玄武玢、安山岩	岩石类型为坚硬岩A，岩石较完整，节理较发育，风化程度为微风化，土体类型为含粗粒的细粒土及砾类土	在SPOT-5遥感影像上为绿色、浅褐色色调；水系稀疏，地形为平缓的耕地	
上白垩统	K_1	砂岩、粉砂岩、砂质粉砂岩、粉砂质板岩	岩石类型为较软岩A，岩石较破碎，节理较发育，风化程度为弱风化，土体类型为砾类土	在SPOT-5遥感影像上为浅绿色、灰白色色调；水系稀疏，为树枝状水系；影纹较光滑；地形较平坦	

续表 6-13

时代	地质代码	岩性	工程地质特征	影像特征	影像标志
上更新统冲积	Qp_3^{al}	砂砾石层、砂质土、泥砂土	土质类型为含粗粒的细粒土，上覆土为亚砂土、黏土、细粉砂土和残积土	在 SPOT-5 遥感影像上为浅灰黑色、浅灰白色色调；水系稀疏，地形为平缓的耕地	
上更新统湖积	Qp_3^{l}	砂砾石、细粒粉砂、黏土、有机质腐泥	土体类型为含粗粒的细粒土	在 SPOT-5 遥感影像上为白色色调；影纹光滑，地形平坦	
全新统冲洪积	Qh^{pal}	砂砾石、中粗砂、砂质土、黏土、粉砂土	土质类型为砂类土，上覆土为亚砂土、黏土、细粉砂土和残积土	在 SPOT-5 遥感影像上为浅绿色色调；影纹较光滑；与周围色调差别较大	
全新统洪积	Qh^{pl}	砂砾石、中粗砂、砂质土、黏土、粉砂土	土质类型为砂类土，上覆土为砂质土、细砂质土、亚砂土	在 SPOT-5 遥感影像上为浅灰色色调；影纹较光滑；与周围色调差别较大	
全新统沼积	Qh^{fl}	淤泥、细粉砂、亚黏土、黏土、腐殖土	细粉砂土、黏土、亚黏土、腐殖土	在 SPOT-5 遥感影像上为灰黑色和浅灰白色色调；为小半环状影纹；与周围影像差别较大	

表 6-14 其他专题遥感影像特征

序号	分类	影像特征	影像标志
1	坚硬岩	在 02C 遥感影像上呈不规则的颗粒状,色彩较浓。自然状态的林地因树木大小、间距不同而不规则	
2	较坚硬岩	在 02C 遥感影像上一般无颗粒感或颗粒感不明显,处于林地与草地、农用地之间的过渡地带,内部多生长乔木、草地,色彩比林地浅,比草地深	
3	较软岩	在 02C 遥感影像上呈绿色、棕色色调,具分散的斑点状影纹,不规则斑块状分布于丘陵、平原地区,可解译程度高	
4	软岩	在 02C 遥感影像上具有明显斑状纹理、颗粒状较粗糙的特征,与有林地相比,色泽发暗,界线较难判断	

续表 6-14

序号	分类	影像特征	影像标志
5	巨粒类土	在SPOT-5遥感影像上色调均匀，呈浅土黄色，巨斑块状、面状平滑影纹，主要分布于山区、山前盆地、平原区及河流两侧	
6	粗粒类土	在SPOT-5遥感影像上色调均匀，呈浅土黄色，影纹光滑，主要分布于山前盆地和平原区	
7	细粒类土	在02C遥感影像上色调为浅绿色，影纹为树状影纹，主要分布于河流及平原地区	
8	松散岩类含水岩组	在02C遥感影像上呈绿色或亮绿色、灰白色色调，影纹光滑，地形平缓	松散岩类

续表 6-14

序号	分类	影像特征	影像标志
9	碎屑岩类含水岩组	在 02C 遥感影像上呈绿色和灰色色调，内部具凹凸起伏的垛状及深蓝色斑点状影纹，地貌呈低矮残丘状，植被盖度一般	
10	基岩类含水岩组	在 02C 遥感影像上呈深绿色到浅绿色，树枝状影纹特征不明显，山顶浑圆，植被较发育	
11	碳酸盐岩类含水岩组	在 02C 遥感影像上呈深绿色到浅绿色，植被盖度高，沟谷密度中等，多为平行排列或条带展布	
12	侵蚀基岩质中山	在 02C 遥感影像上呈浅绿色、浅紫色色调，带状形态，影纹结构简单。脊岭浑圆，植被发育	侵蚀侵入岩中山

续表 6-14

序号	分类	影像特征	影像标志
13	侵蚀变质岩低山	在02C遥感影像上呈绿色、紫色色调,带状形态,影纹结构简单。脊岭浑圆,植被发育	侵蚀变质岩低山
14	砂土质冲积平原	在02C遥感影像上呈浅绿色、浅粉色色调,地表平坦,影纹光滑。主要岩性为黄褐色砂土、砂、砂砾石等	砂土质冲积平原
15	泥砾质河谷平原、泥砂砾质谷坡阶地	在02C遥感影像上泥砂砾质河谷平原色调呈浅绿色、黑紫色、浅粉色,地表平坦,影纹光滑。泥砂砾质谷坡阶地色调呈浅绿色,地表平坦,影纹光滑,条状农田影纹清晰	泥砂砾质谷坡阶地 / 泥砾质河谷平原
16	侵入岩丘陵区	在SPOT-5遥感影像上呈深黑绿色和绿色色调,山体相对较平缓、山脊浑圆,水系稀疏,植被密集	侵入岩丘陵

续表 6-14

序号	分类	影像特征	影像标志
17	火山岩丘陵区	在SPOT-5遥感影像上呈浅绿色色调夹杂褐黄色斑块,水系发育,植被较为发育	火山岩丘陵
18	砂土质湖积平原	在SPOT-5遥感影像上呈中间为浅红色斑块,周围绿白色斑块相间色调,似椭圆形态,具斑块、斑点影纹,发育向心微小水系,植被以簇状沼柳为主	砂土质湖积平原
19	砂土质冲积平原	在SPOT-5遥感影像上呈浅蓝色色调,影纹平滑,色调均匀,地势平坦,格状农田影纹清晰	砂土质冲积平原
20	泥砾质河谷平原	在SPOT-5遥感影像上呈浅绿色、黄褐色色调,色调不均匀,影纹粗糙,植被覆盖率低,水系发育,贝壳状影纹特征,发育牛轭湖及支流水系	泥砾质河谷平原

续表 6-14

序号	分类	影像特征	影像标志
21	耕地	在 ZY-3 遥感影像上呈浅紫色和浅绿色相间色调，影纹均匀，呈不规则条块状或斑块状，内部被平直田埂划分，人类活动迹象明显	
22	有林地	在 ZY-3 遥感影像上呈深绿色和鲜绿色色调，连片状分布，均匀致密的颗粒状影纹	
23	灌木林地	在 ZY-3 遥感影像上呈土黄色色调，分布面积较小，整体形状不规则，致密紧凑颗粒状影纹，局部有连片平滑纹理	
24	其他林地	在 02C 遥感影像上呈绿色和白色色调，形状为不规则状，内部为致密簇状影纹	

续表 6-14

序号	分类	影像特征	影像标志
25	高覆盖度草地	在 ZY-3 遥感影像上呈淡绿色色调，有颗粒状影纹	
26	中覆盖度草地	在 ZY-3 遥感影像上呈淡绿色色调，整体较平滑	
27	低覆盖度草地	在 ZY-3 遥感影像上呈淡灰绿色色调，有极少部分淡绿色的斑块杂糅其中，整体较平滑，淡绿色斑块较少	
28	水域	在 ZY-3 遥感影像上呈深蓝色色调，水体沿沟谷自然填充，内部颜色均匀，为平滑影纹，无纹理	
29	城乡、居民地	在 SPOT-5 遥感影像上，道路为白色、房屋为白色和灰黑色色调，内部有明显交错的亮白色线条状交通纹路，明显建筑物聚集区	

续表 6-14

序号	分类	影像特征	影像标志
30	未利用地	在 ZY-3 遥感影像上呈白色色调,白绿色相间、贝壳状影纹,整体边界不规则,沿河道两边分布	
31	崩塌	在 SPOT-5 遥感影像上崩塌危岩体色调为亮白色,影纹粗糙,堆积体色调为亮白色,影纹呈条纹状,为不规则扇形,崩塌体与周围影像差别较明显	
32	滑坡	在 SPOT-5 遥感影像上滑坡呈灰色色调,后壁和侧壁影像上表现为线状特征;滑坡体中部呈负地形凹陷,总体与周围影像差别较大	
33	泥石流	在 SPOT-5 遥感影像上流域颜色为灰色色调;水系稀疏,支沟稀疏;无植被发育,总体形状为不规则的椭圆形。堆积扇颜色为灰色;影纹平滑;水系稀疏,前缘舌状,使河道发生轻微的变形,总体形状为不规则扇形;整体与周围影像差别明显	
34	采矿挖掘区和塌陷积水区	在 SPOT-5 遥感影像上呈不规则状,色调均匀,呈蓝色色调,面状平滑影纹,与周围地物界线清晰	

续表 6-14

序号	分类	影像特征	影像标志
35	金属矿采石场	在 SPOT-5 遥感影像上呈不规则状，色调均匀，呈粉红色色调，面状平滑影纹，呈凹形微地貌区，与周围地物界线清晰	
36	非金属矿采石场	在 SPOT-5 遥感影像上呈不规则状，色调均匀，呈白色色调，面状平滑影纹，与周围地物界线清晰	
37	深大断裂	在 SPOT-5 遥感影像上表现为一系列的沟谷负地形呈线性展布，断裂带两侧影纹、色调、水系明显不同，断裂带中东段发育在基岩区，连续展布的断层沟谷影像清晰；西段线性影像明显，控制了水系的空间分布	
38	区域性断裂	在 SPOT-5 遥感影像上表现为一系列的沟谷负地形，呈线性展布，断层沟谷影像清晰	
39	一般性断裂	在 SPOT-5 遥感影像上表现为一系列的陡坎、沟谷负地形，呈线性展布，断层沟谷影像清晰	

1. 断裂构造遥感影像特征

断裂构造遥感解译主要解译地质地貌和构造地貌两个要素。主要有以下几个要素。

(1)地层要素:解译松散未成岩堆积物和基岩,详细解译第四纪地层及其类型,基岩区宜解译岩浆岩。

(2)地貌要素:阶地识别与分级、冲(洪)积扇的识别与分级;水系、冲沟、裂点提取、夷平面、基岩残山、古滑坡体、岗地等。

(3)构造地貌要素。

正断层构造要素:断层陡坎、断错阶地、断层崖、断层洪积扇、断塞塘等。

逆断层构造要素:断层陡坎、断错阶地、反向陡坎、挤压脊、鼓包、褶皱等。

走滑断层构造要素:地表破碎带、断塞塘、断层槽地、断错阶地、断错洪积扇、断头沟、断尾沟、挤压脊、闸门脊、鼓包、褶皱、雁行斜列式地表破裂、拉分盆地等线性标志的走滑错位。

2. 断裂构造影像标志

断裂构造解译要素的遥感影像表现特征包括以下几项。

影像中连续或断续延伸的线性纹理特征、具有相似属性的面状纹理特征,如线性陡坎、地震地表破裂带等。

影像中地貌纹理特征的错断或中断现象,如地层、地貌要素的突然断错及不连续,以及断错山脊、断错阶地、断错冲沟。

影像中存在线性排列的鼓包、挤压脊、断塞塘、拉分盆地、三角面或断层陡坎等微地貌。

水系异常标志:水系、冲沟的突然中断、直角弯曲、同步扭动及拐弯,线性水体边界,如断头沟、断尾沟、冲沟同步位错等。

河流、冲沟一侧或两侧具有一定宽度的近水平延伸的阶梯状连续或断续状台阶平面,如河流阶地。

河流、冲沟出口处形成的扇形、弧形面状结构特征,如冲洪积扇。

影像中的汇水区域,如盆地、坳陷或洼地;冲沟、河流向四周发散的源头区域,如隆起、凸起。

有规则排列的峡谷、湖盆、沼泽等负地形和地下水溢出点。

影像中呈雁行斜列式或羽状分布的带状地表裂隙。

DEM 所揭示的地形异常标志,如地形坡度的陡变及不连续带,线性平直分界,如断层陡坎、断层崖、断层三角面。

影像中色调异常标志,如植被、岩性等地物波谱异常差异造成的线性分界。

第五节 重点区基础地质资源遥感综合调查与监测

一、地质背景遥感调查

(一)调查内容及要求

调查内容主要是查清重点区内的基础地质信息,开展基础地质遥感调查时不是从"零"做起,而是在收集并综合分析已有地质资料的基础上,基于多源卫星遥感数据,对已有研究成果进行更新、填补空白区域(图6-2)。主要调查内容:第四系、沉积岩、侵入岩、火山岩、变质岩和构造。

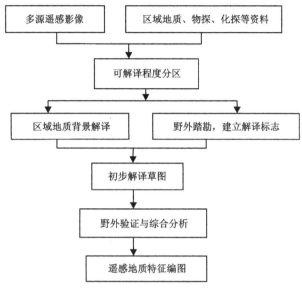

图6-2 遥感地质特征解译技术流程图

(二)调查方法及技术路线

在基础地质背景遥感解译中,采用先简单后复杂,先已知后未知、先整体后局部、先宏观后具体的思路。包含河漫滩、阶地、冲积、洪积、冲洪积、坡积、残积、残坡积、冰碛、冰水堆积、海积、风积、湖积、冲湖积、火山堆积和湖沼堆积。在完成新近系解译的基础上,以影像单元为依据,进行不同地质单元的遥感解译,根据不同地质体在色彩、纹理、水系发育特征等方面的差异进行详细的划分。

解译时,要从矿产地质研究程度高、地质资料丰富的地区开始,从区域宏观解译逐渐向局部微观问题过渡。从直观地质信息提取向微弱信息提取过渡,从定性地质信息提取向定量信息提取过渡,循序渐进,反复解译,逐步深化,提高区域基础地质认识。

1. 遥感地质解译工作原则

1)由点到线到面

首先,从已掌握的地质情况出发,垂直地质构造走向(即沿地质剖面)进行解译,通过解译掌握岩性层序与变化,了解重点区的基本地质状况;然后,沿地质线或线性构造走向两侧延伸解译,进而完成面的解译。区域地质调查中所采用的标志点、遥感点、线以及路线间的延伸解译,就是采用由点到线、由线到面的原则进行的。在实施解译中,也可根据实际情况采用点面结合、面中求点的方式。具体解译方法为:

在室内初步掌握重点区地质情况及遥感影像特征的基础上,选取地质构造简单、岩石地层出露齐全、影像特征清楚的地区,垂直地层或构造走向布置多条地质剖面进行系统的遥感地质解译。通过解译,按影像组合规律划分影像单元。

在完成标志剖面解译后,以已知解译结果为基础,按照由点到线、由易到难的原则,向标志性剖面外围扩展以至全重点区进行地质解译。解译中要充分参考已有的地质资料和图件,采用编译结合的方式进行。

从已掌握地质情况或建立解译标志的地方开始,在熟悉地质影像特征、掌握解译技巧后,再扩展到相同地质条件、相同影像特征的未知区作解译。

2)由易到难

解译时先从地质构造简单,遥感影像上地质信息丰富、清晰的地区开始,再推进到解译难度较大的地区。推进时,可采取多方向推进,形成"围攻"之势,运用周边信息攻取"难"处。遥感确实不能解决的问题,也正是需要提出野外调查、补充的问题。

3)由表及里

解译时,先从岩石、地质现象的裸露区开始,然后解译岩石、地质现象被覆盖的地区。覆盖区的解译可通过不同图像处理方式提取或增强隐伏地质信息。一般隐伏信息受覆盖物的干扰,呈现出模糊或断续展布,可结合于露头区的内在联系进行解译。如第四系的隐伏断裂,除可根据沉积特征及地表水系等作推断解译外,也可结合山体边缘的零星构造地貌露头予以佐证与连接。

4)地层岩性的解译方法

对重点区岩体的解译主要包含两大部分,分别是额尔古纳河左岸和右岸。额尔古纳河右岸部分可以通过收集已有地质资料、实地踏勘及调查验证。额尔古纳河左岸部分只能根据遥感影像所反映的特征去推断,和额尔古纳河右岸作类比。在基础地质遥感解译过程中经常用到的方法有直译法、对比法、邻比法、综合判断法。

直译法:根据不同性质地质体在遥感图像上显示出的影像特征规律所建立的遥感地质解译标志或影像单元,并在遥感图像上直接解译提取出构造、岩石等地质现象信息,实现地质体解译圈定的目的,在基础地质解译中能直接应用此法的主要是第四系及影纹特征典型的地层和侵入岩体。

对比法:通过已知区地质体图像特征与解译标志的建立,对比实现未知区地质体解译圈定的目的。此方法在对额尔古纳河左岸地区进行岩性解译中应用比较多。

邻比法:当图像解译标志不明显,地质细节模糊,解译困难时,可与相邻图像进行比较,将邻区的解译标志或地质细节延伸、引入,从而对困难区作出解译。主要是应用在额尔古纳河右岸部分,植被覆盖度极高,实地无法到达的区域。

综合判断法:当目标在图像上难以直接显现时,可采取对控制地区目标物有因果关系的生成条件、控制条件的解译分析,预测目标物存在的可能性。对影纹特征不明显,地质现象复杂的区域,采用综合判断法对地质体进行解译。

在工程地质解译前,首先完成整个重点区的基础地质遥感解译,额尔古纳河右岸以影像单元为依据,根据影纹、水系、色调等特征区分不同地质单元,结合已有的1:20万、1:25万区域地质调查资料,在室内初步确定各个地质单元岩性。额尔古纳河右岸部分的遥感解译过程遵从的原则是从已知到未知,先易后难。先从标志清晰地段到模糊地段;先整体后局部;先目视预解译到其他方法解译;先解译地质构造后解译其他因素。在完成初步解译的基础上进行野外实地调查验证,充分应用图像解译与野外调查相结合、相互印证的方法确保成果数据的准确性。

首先进行的是地质构造解译,然后根据遥感影像进行第四系遥感解译,河道、漫滩、阶地以及古河道的解译都是基础地质遥感解译的重要组成部分。其次才是依据遥感影像进行的地质单元解译,能确定的部分直接从遥感影像上对典型火山岩、沉积岩或侵入岩体直接解译,不能确定的部分重点参考小比例尺区域地质调查成果确定,再根据野外调查验证成果进行修正完善。

5) 岩性解译方法

由于额尔古纳河右岸重点区大比例尺的地质、地貌、水文地质调查工作程度较低,地层大多只划分到统,导致可参考的基础资料较少。如何采用遥感手段准确解译上述专题因子是目前的一个难点。

基于上述情况,采用遥感技术手段开展额尔古纳河右岸基础地质、水文地质专题的解译工作主要是建立不同地层单元的解译标志,通过重点区影像特征开展额尔古纳河右岸与额尔古纳河左岸类比、推演,利用地质体及地质现象与地表其他景观要素的相互关系,用地质学、地貌学、水文学、土壤学等有关学科的理论进行综合分析、逻辑推理,通过间接标志判定覆盖区地质体和地质现象。

解译的方法主要有以下 3 种。直判法——运用直接解译标志,判断地质体和地质现象(图 6-3)。对比法——将同一图像上额尔古纳河右岸岩性与额尔古纳河左岸岩性进行类比、推演(图 6-4)。主要包括:①影像特征与地质特征对比;②与已工作过的邻区对比;③将收集到的大比例尺地质图结合影像特征进行细化;④与前人研究资料(成果)对比;⑤不同解译技术结果之间对比。逻辑推理法——利用地质体及地质现象与地表其他景观要素的相互关系,用地质学、地貌学、水文学、土壤学等有关学科的理论进行综合分析、逻辑推理,从而辨认和确定目标的地质属性,可指导正确利用间接标志判定掩盖区地质体和地质现象。

图 6-3 额尔古纳河右岸和左岸二长花岗岩遥感影像特征对比

图 6-4 额尔古纳河右岸和左岸闪长岩遥感影像特征类比

2. 遥感地质解译内容

1) 岩性解译

(1) 沉积岩。沉积岩的解译按粒度、成分及沉积类型可划分为以下 7 类。

粗碎屑岩类:包括砾岩、砂质砾岩、砾砂岩或砾泥岩、含砾砂岩或含砾泥岩等。

中碎屑岩类:包括粗砂岩、中粒砂岩等。

细碎屑岩:包括粗粉砂岩、细粉砂岩、泥质粉砂岩等。

泥质岩类:包括黏土岩、页岩、泥岩等。

火山碎屑岩类:包括正常火山碎屑岩类和向沉积岩过渡的凝灰岩、集块岩、角砾岩等。

碳酸盐岩类:包括灰岩、白云岩等。

第四纪松散堆积物。

(2) 变质岩。变质岩按变质作用、变质程度等进行岩性及岩性组合划分,分为以下 4 类。

区域变质岩:据变质程度进一步划分为岩性及岩性组合,包括板岩、千枚岩、片岩、片麻岩、长英质粒岩、角闪质岩、麻粒岩、榴辉岩、大理岩等。

动力变质岩:包括构造角砾岩、糜棱岩、构造片岩等。

接触变质岩:包括角岩、矽卡岩等。

混合岩:包括注入混合岩、混合片麻岩、混合花岗岩。

(3) 侵入岩。侵入岩按酸性程度划分为花岗岩、闪长岩、辉长岩、超镁铁质岩 4 类,可根据矿物成分和岩石波谱特征差异进一步划分。侵入岩解译和识别时应注意侵入体的平面几何形态、与围岩接触界线特征(侵入接触、沉积接触、断层接触)、接触带附近围岩变形特征、侵入体内部分代特征、侵入体之间相互作用关系(穿刺、吞蚀、同心等空间结构标志)、侵入体地形地貌等内容,以提供侵入岩的侵位机制、形成次序等信息。

(4) 火山岩。火山岩按酸性程度划分为流纹岩、安山岩、玄武岩 3 类。火山岩的解译内容包括它的常见构造(如枕状、柱状节理、流纹等构造),识别火山喷发方式(包括裂隙式、熔透式、中心式),划分火山相,圈定火山机构、火山盆地,查明火山机构、火山盆地与区域断裂的关系。重点区内火山岩不发育,本次工作不需要解译。

(5) 脉岩。按酸性程度可将脉岩划分为酸性脉岩、中性脉岩、基性脉岩等。若遥感数据可解译程度较高,可进一步划分为石英脉、花岗岩脉、闪长岩脉、辉长岩脉、辉绿岩脉、超基性岩脉、煌斑岩等。

2) 构造解译

构造解译的内容包括断裂、褶皱、节理、面理带及岩体构造、火山构造、表生构造、撞击构造等。

根据断层的运动方式所形成的影像特征以及区域构造应变特征,可进一步划分出正断层、逆断层、平移断层以及它们之间的混合类型。对仅表现为线性但无法判定的,可定为性质不明断层。对韧性剪切带,应进行几何学解译,包括总体方位、面理产状及其变化,展布范围,韧性剪切带内、外的变形情况,根据剪切带中卷入及未卷入剪切变形的地质体,推断剪切带的形成过程。活动断裂应单独解译。

断裂构造的解译标志有色调标志、形态标志、地质构造标志、地貌标志、水系标志、土壤植被标志。

(1)色调标志:在遥感图像上,沿断裂方向常出现明显的色调异常。色调异常线为在正常的背景色调上出现的线状色调异常。深色调背景区中的浅色调线(带)可能是断裂,浅色调背景区中的深色调线(带)可能是地表露头的显示。

色调异常带是指异常的色调构成有一定宽度的条带,这通常是较大断裂或断裂带的表现。

色调异常面:沿着某一线性异常界面两侧的色调明显不同,在第四系覆盖区,常是一隐伏断裂的表现。

(2)形态标志:断裂走向的形态标志有直线、折线、舒缓波状延长线,线有连续的、断续的;线型有单条的,也有组合的(如棋盘格式、斜列式等)。

(3)地质构造标志:分为横断层存在的标志、纵断层存在的标志及线性排列的岩浆活动。

横断层存在的标志:一组岩层或某些线性要素发生位移、错断。

纵断层存在的标志:构造上不连续(如地层重复或缺失)或岩层产状突然改变。

线性排列的岩浆活动:如一系列火山口呈直线排列,长条状侵入体、脉岩、岩墙和温泉的线性延伸。

(4)地貌标志常见以下7种类型。不同地貌景观区呈较长的直线相接,如山区与平原的交界;一连串负地形呈线性分布;海岩、湖岩呈近于直线状或不自然的角度转折;湖泊群呈线性分布;河谷、山脊呈直线状延伸或被切断;冲积-洪积扇群的顶端处于同一直线上;许多重力现象,如滑坡、倒石堆、泥石流等,成串珠状排列在一直线上,则沿这条线可能有断裂通过。

(5)水系标志分为以下6类。

水系类型:格子状水系是严格受构造控制的,此外,水系类型沿着某一线性界面发生突变,也可能为断裂所致。

河道突然变宽或变窄,有可能是较年轻的断裂所致。

水体的局部异常段,如直线河、直宽谷河。

对头沟、对口河的出现。若发现山脊两侧的沟谷隔脊相对,沿一直线发育,甚至在山脊处切成较深的垭口;或者是两沟谷排列在一直线上,河口对河口汇在一起则可能是断裂造成的。

线性排列的河流异常点(段)。

一系列的拐弯点、分流点、汇流点、改流点、层宽点、变窄点等处于一直线上。

地下水溢出点,处于同一直线上。

(6)土壤植被标志。

土壤异常在图像上表现为断裂带或断裂带两侧色调及影像结构的差异,沿断裂带可形成植被异常带(稀少带或茂盛带)。

3. 野外查证

野外查证的主要目的是对遥感地质初步解译成果进行查证。对典型矿床成矿控矿要素遥感初步解译成果进行野外调查,进一步确认成矿控矿要素的解译标志。

以1:2.5万遥感矿产地质解译草图为外业工作手图,携带1:2.5万遥感影像图、1:5万地形图等相关图件,对解译成果进行点、线、面相结合的查证,重点对成矿有利的区段进行查证。野外查证要充分考虑自然地理因素。

在野外查证工作过程中遵守以下工作原则。

(1)采取"点、线、面"相结合的方法进行野外检查验证,设计至少一条贯穿全重点区且能代表本重点区主要地层出露的纵向控制线。

(2)各类记录格式统一,包括点号(按 D1001,D1002,…,D10n 的顺序编号)、点位、点性、产状、描述、素描或照相,取样登记文字应简练,重点突出,尽可能客观表达实地地质现象,点与点之间的关系应做说明,点间地质现象应做描述,其中与遥感异常相对应的实地情况应做实地观察和描述。

野外查证主要包括以下具体内容。

不同解译程度区查证:首先按照可解译程度对重点区进行分区。解译程度较高的Ⅰ级区以点查证为主,解译程度一般的Ⅱ级区以线查证为主,解译程度较差的Ⅲ级区以面查证为主。

Ⅰ级为可解译程度高的地区。地质体影像单元特征明显,边界清晰,具有较大规模,且具可解和可对比性,可直接作为编图单位。

Ⅱ级为可解译程度中等的地区。地质体影像单元特征比较明显,边界较清晰,且具有一定规模,可作为编图单位,但局部特征及边界需经野外地质调查进行修正。

Ⅲ级为可解译程度低地区。图像特征较差,或地质体影像特征复杂,可分性差,边界不清,不能作为编图单位,必须经野外地质调查确定编图单位归属。

重点查证室内解译成果与已有地质资料相冲突的地质单元。

查证重点区额尔古纳河两侧大面积出露的地质体,查明岩性、岩石硬度及风化程度等属性。

(三)调查监测数据成果

通过对重点区的基础地质遥感解译,系统建立了重点区第四系、沉积岩、岩浆岩、火山岩、变质岩和断裂构造的遥感解译标志,查明了区内地层、岩体、断裂构造的地质特征和空间展布规律。

1. 岩浆岩影像地质特征

区内岩浆活动强烈,中生代和晚古生代中酸性侵入岩分布广泛,本次工作共解译出中酸性侵入岩83个,主要岩石类型有花岗岩、花岗斑岩、二长花岗岩、花岗闪长岩、闪长岩。中酸性侵入岩体在 SPOT-5 遥感影像上色调表现为深绿色、浅粉色和深灰色;水系较为稠密,为树枝状水系和似平行状水系,支沟较短;植被较为茂密;山脊形态较为尖棱;沟谷形态表现为"V"形谷(图 6-5)。

2. 沉积岩遥感地质特征

沉积岩在区内主要以沉积碎屑岩为主,主要岩石类型为砾岩、砂岩、杂砂岩、粉砂岩及少量的泥岩和灰岩。由于这些岩石类型胶结程度一般,易风化,透水性好,层粒不发育,影像上总体呈现为水系稀疏,地形低缓,在 SPOT-5 遥感影像上表现为灰色、灰白色和浅绿色;植被发育;水系较稀疏,为似平行状水系和树枝状水系,沟谷较长;山脊较圆浑;影纹光滑(图 6-6)。

图 6-5　钾长花岗岩 SPOT-5 遥感影像　　　　图 6-6　粉砂岩 SPOT-5 遥感影像

3. 变质岩遥感地质特征

调查区内变质岩岩石类型主要为大理岩夹变质粉砂岩、千枚状板岩、云母片岩,岩石多以岩性组合出现,解译时以岩性组合为影像单元,在 SPOT-5 遥感影像上色调表现为灰白色;水系不发育,沟谷相对较长,为树枝状水系;山脊较圆浑;影纹较光滑,与东侧的红水泉组在水系、影纹上差别较大(图 6-7)。

4. 火山岩遥感地质特征

调查区内火山岩岩石类型主要为中性火山熔岩、中酸性火山碎屑岩夹火山碎屑沉积岩、凝灰岩和安山岩,在 SPOT-5 遥感影像上色调表现为灰黑色、深灰色;水系不发育,沟谷相对较长,为树枝状水系;山脊平缓;影纹较光滑,与西侧的石炭纪粗粒花岗岩在水系、影纹上差别较大(图 6-8)。

图 6-7　额尔古纳河组 SPOT-5 遥感影像　　　　图 6-8　塔木兰沟组 SPOT-5 遥感影像

5. 第四系遥感地质特征

第四系地质体在遥感影像上的特征较为明显,从形态上直接就能判读,虽然第四系在遥感影像上色调比较复杂,但从其影像上的几何形态、影纹看较明显,多为地势平坦区,且水系比较发育,主要分布在额尔古纳河及其支流的河谷中(图6-9)。

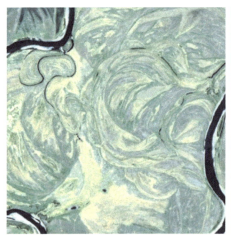

图6-9 全新统沼积SPOT-5遥感影像和实地照片

(四)额尔古纳河恩和—七卡段重点区地质背景

调查区位于内蒙古自治区东北部大兴安岭山脉的西缘,地处天山-内蒙古中部-兴安地槽褶皱区(Ⅰ级构造单元),兴安地槽褶皱系(Ⅱ级构造单元),额尔古纳兴凯地槽褶皱带(Ⅲ级构造单元)。

1. 地层

调查区位于内蒙古自治区东北部大兴安岭山脉的西缘,地层区划属于天山-兴安地层区-大兴安岭地层分区,区内地层出露较全,元古宙—新生代地层均有出露(表6-15、图6-10)。

1)元古宇(Pt)

调查区内元古宙出露的地层为震旦系的额尔古纳河组。

额尔古纳河组(Ze):区内出露面积较多,主要分布于额尔古纳河右岸的中部正阳村北部一带和西南部正阳村南部地区及额尔古纳河左岸的南部地区。主要岩性为大理岩、白云岩夹变质粉砂岩、千枚状板岩、云母片岩。与周围的奥陶系乌宾敖包组、石炭系红水泉组和侏罗系玛尼吐组呈不整合接触关系。

2)下古生界(Pz_1)

调查区内下古生界出露的地层为奥陶系的乌宾敖包组和志留系卧度河组。

乌宾敖包组($O_{1-2}w$):区内出露面积较少,主要分布于额尔古纳河右岸正阳村南部地区、额尔古纳河左岸戈尔内泽连图伊东北和额尔古纳河左岸的西南角一带。主要岩性为灰绿色、紫色板岩夹粉砂岩。与周围地层呈不整合接触关系。

卧度河组(S_3w):出露面积较少,仅在区内正阳村一带有小面积的分布。主要岩性为粉砂质泥板岩、粉砂质泥岩。与侏罗系满克头鄂博组呈不整合接触关系。

3)上古生界(Pz_2)

调查区内上古生界出露的地层为下石炭统红水泉组。

红水泉组(C_1h):区内出露面积较少,主要分布于额尔古纳河右岸的正阳村南部和额尔古

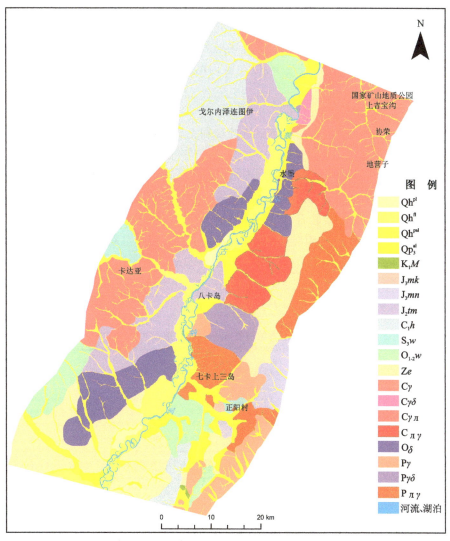

图 6-10 额尔古纳河流域恩和—七卡段重点区基础地质遥感解译图

纳河左岸的西北角戈尔内泽连图伊一带。主要岩性为杂砂岩、板岩、灰岩夹凝灰岩。与震旦系额尔古纳河组和奥陶系乌宾敖包组呈不整合接触关系。

4）中生界（Mz）

调查区内中生界出露的地层为中侏罗统塔木兰沟组和上侏罗统满克头鄂博组、玛尼吐组和下白垩统梅勒图组。

塔木兰沟组（J_2tm）：出露面积较大，主要分布于额尔古纳河左岸卡达亚东—戈尔内泽连图伊东一带地区。主要岩性为灰白色、灰黑色凝灰岩、火山碎屑岩夹碎屑岩。与奥陶系乌宾敖包组呈不整合接触关系。

满克头鄂博组（J_3mk）：出露面积较少，仅在额尔古纳河右岸的正阳村一带有小面积的分布。主要岩性为粉砂岩、粉砂质泥岩和安山质凝灰岩。与志留系卧度河组呈不整合接触关系。

玛尼吐组（J_3mn）：出露面积较少，仅在额尔古纳河右岸的正阳村南和东北一带有小面积的分布。主要岩性为灰绿色、紫褐色中性火山熔岩、中酸性火山碎屑岩夹火山碎屑沉积岩。与震旦系的额尔古纳河组呈不整合接触关系。

梅勒图组（K_1m）：出露面积较少，仅在区内的东南角有小面积的分布，主要岩性为玄武玢、安山岩。与震旦系的额尔古纳河组呈不整合接触关系。

下白垩统未分（K_1）：出露面积较少，仅在区内的西北角有小面积的分布。主要岩性为砾岩、砂岩、粉砂岩。

5）新生界（Cz）

调查区内新生界出露的地层为上更新统冲积和全新统冲洪积、全新统洪积和全新统沼积。

上更新统冲积（Qp_3^{al}）：分布面积较广，主要分布于区内山前山麓地带，常构成山前垄岗状、高台地等地形。主要由砂砾石层砂质土和泥砂土组成。

全新统冲洪积（Qh^{pal}）：广泛分布于区内的额尔古纳河两侧和中部丘陵两侧的沟谷地带，出露面积较多。主要岩性为砂砾石、中粗砂、砂质土、黏土、粉砂土，厚3～6m。

全新统洪积（Qh^{pl}）：分布面积较少，仅在八卡岛北和七卡上三岛西南有零星的分布。主要岩性为砂砾石、中粗砂、砂质土、黏土、粉砂土。厚3～5m。

全新统沼积（Qh^{fl}）：广泛分布在区内的额尔古纳河两侧低洼地带，出露面积较多。主要岩性为淤泥、细粉砂、亚黏土、黏土、腐殖土。厚3～8m。

表6-15　额尔古纳河恩和—七卡段重点区地层表

| 年代地层 | | | 岩石地层 | 地质代码 | 岩石组合 | 面积/km² |
界、系、统						
新生界	第四系	全新统	全新统沼积	Qh^{fl}	淤泥、细粉砂、亚黏土、黏土、腐殖土	210.8
			全新统洪积	Qh^{pl}	砂砾石、中粗砂、砂质土、黏土、粉砂土	19.5
			全新统冲洪积	Qh^{pal}	砂砾石、中粗砂、砂质土、黏土、粉砂土	384.5
		更新统	上更新统冲积	Qp_3^{al}	砂砾石层砂质土和泥砂土	148.7
中生界	白垩系		下白垩统未分	K_1	砾岩、砂岩、粉砂岩	36.9
			梅勒图组	K_1m	玄武玢、安山岩	1.9
	侏罗系		玛尼吐组	J_3mn	灰绿色、紫褐色中性火山熔岩、中酸性火山碎屑岩夹火山碎屑沉积岩	66.2
			满克鄂博组	J_3mk	粉砂岩、粉砂质泥岩和安山质凝灰岩	3.8
			塔木兰沟组	J_2tm	灰白色、灰黑色凝灰岩、火山碎屑岩夹碎屑岩	358.4
上古生界	下石炭统		红水泉组	C_1h	杂砂岩、板岩、灰岩夹凝灰岩	306.9

续表 6-15

年代地层		岩石地层	地质代码	岩石组合	面积/km²
界	系统				
下古生界	志留系	卧度河组	S_3w	粉砂质泥板岩、粉砂质泥岩	38.4
	奥陶系	乌宾敖包组	$O_{1-2}w$	灰绿色、紫色板岩夹粉砂岩	183.6
元古宇	震旦系	额尔古纳河组	Ze	大理岩、白云岩夹变质粉砂岩、千枚状板岩、云母片岩	502.9

2. 岩浆岩

重点区内岩浆活动强烈,不同时代、不同岩石类型的侵入岩分布广泛,出露面积 1 775.14 km²,占区内总面积的 44%。总体呈北东向展布。岩石类型较为复杂,主要有粗粒花岗岩、粗粒钾长花岗岩、细粒花岗岩、中细粒花岗斑岩、粗粒二长花岗岩、中细粒二长花岗岩、细粒花岗闪长岩、片麻状粗粒花岗闪长岩和中粒闪长岩。

依据本项目采用的 SPOT-5 和 GF-1 遥感影像,在充分利用已有的区域地质调查资料的基础上,结合影像特征、区域地质构造、岩石矿物特征综合分析,建立侵入岩解译标志,将区内侵入岩分为 4 个岩浆活动期:二叠纪侵入岩、石炭纪侵入岩、奥陶纪侵入岩和早元古代侵入岩(表 6-16)。

表 6-16 额尔古纳河恩和—七卡段重点区岩浆岩统计表

地质年代		主要岩石类型	地质代码	面积/km²	分布区域
晚古生代	二叠纪	粗粒花岗岩	$P\gamma$	461.3	重点区内中部和东南部
		粗粒二长花岗岩	$P_\eta\gamma$		
		中细粒花岗闪长岩	$P\gamma\delta$		
	石炭纪	粗粒花岗岩	$C\gamma$	918.9	重点区内中部和东北部
		中细粒花岗岩	$C\gamma$		
		粗粒钾长花岗岩	$C\gamma$		
		中细粒花岗斑岩	$C\gamma\pi$		
		片麻状粗粒花岗闪长岩	$C\gamma\delta$		
		中细粒二长花岗岩	$C_\eta\gamma$		
早古生代	奥陶纪	中粒闪长岩	$O\delta$	273.8	重点区内中北部和中南部
早元古代		钾长花岗岩、花岗片麻岩	$Pt_1\xi\gamma$	386.2	重点区内的西北角

1) 二叠纪侵入岩

重点区内二叠纪侵入岩出露面积较大,主要出露于区内的中部七卡上三岛北部和东南部一带,出露面积约 461.3km²。主要岩石类型为粗粒花岗岩、粗粒二长花岗岩和中细粒花岗闪长岩,呈岩株状产出。

2) 石炭纪侵入岩

重点区内石炭纪侵入岩侵入最为广泛,主要出露于区内的中部卡达亚、八卡岛北东北部和上吉宝沟—地营子一带,出露面积约 918.9km²。主要岩石类型为粗粒花岗岩、中细粒花岗岩、粗粒钾长花岗岩、中细粒花岗斑岩、片麻状粗粒花岗闪长岩和中细粒二长花岗闪长岩,呈岩株状产出。

3) 奥陶纪侵入岩

重点区内奥陶纪侵入岩侵入面积最小,主要出露于区内的中北部水墨村和中南部的七卡上三岛西一带,出露面积约 273.8km²。主要岩石类型为中粒闪长岩,呈岩株状产出。

4) 早元古代侵入岩

重点区内早元古代侵入岩侵入面积较少,主要出露于区内的东南部的地营子—上吉宝村一带,出露面积约 386.2km²。主要岩石类型为钾长花岗岩和花岗片麻岩,主要呈岩株状产出。

3. 构造

重点区断裂构造发育,共解译出 95 条大小不等的断裂,以北北东向、北东向断裂为主,其次为北西向断裂构造。按断裂规模可分为深大断裂、区域性断裂、一般性断裂,其中深大断裂不仅控制了构造单元的边界,也控制了该构造单元内地层的沉积,还控制了次级断裂分布;区域性断裂控制或错断了区内的地层;一般性断裂主要为深大断裂和区域性断裂构造的次级断裂或局部断裂,展布在区域性断裂旁侧。

1) 区域性断裂

全区共解译区域性断裂 8 条,现择其主要者予以论述。

(1) 额尔古纳断裂(F_1):该断裂位于调查区中部,总体沿额尔古纳河方向展布,南北两侧均延出区外,总体呈北北东向展布。长度约为 95.9km,宽度约为 2.5km。

沿断裂带岩石均遭破碎,形成 2.5km 宽的挤压破碎带,愈接近断裂,岩石遭受动力变质作用愈强烈,为糜棱岩化岩石,较远则为压碎及碎裂岩化岩石。断裂倾向西,倾角 40°~50°,为一东抬西降压扭性断裂。

该断裂形成于加里东期,对额尔古纳地槽褶皱带的形成构造演化具有重要影响。海西中—晚期是该断裂发展时期,在断裂活动中伴有大规模酸性岩浆侵入。燕山期表现为构造挤压及动力变质作用。

在 SPOT-5 遥感影像上,八卡岛以北地区表现为一系列的断层三角面,呈线性展布。八卡岛以南表现为一系列的陡坎、沟谷负地形,呈线性展布。

(2) 戈尔内泽连图伊东断裂(F_6):该断裂位于调查区西北部,戈尔内泽连图伊东一带,总体呈北北东向展布。长度约为 28.1km,宽度约为 20m。

该断裂不仅控制了石炭纪花岗岩的侵入,而且还控制了石炭系红水泉组和侏罗系塔木兰沟组的分布。

在 SPOT-5 遥感影像上表现为一系列的陡坎、沟谷负地形,呈线性展布。

2) 一般性断裂

区内一般性断裂较为发育,规模大小不等,长度从几米到几十千米,总共有 77 条。主要有三组不同方向的断裂,分别为北北东向、北东向和北西向断裂。

北北东向和北东向断裂最发育,以断裂带和单条断裂形式存在。在SPOT-5遥感影像上表现为一系列的陡坎、沟谷负地形,呈线性展布,断层沟谷影像清晰。

北西向断裂相对较少,规模小,以单条断裂形式存在。在SPOT-5遥感图像上以沟谷负地形呈线性展布。

(五)额尔古纳河满洲里—黑山头镇段重点区地质背景

通过对重点区的基础地质遥感解译,系统建立了区内第四系、沉积岩、岩浆岩、火山岩、变质岩和断裂构造的遥感解译标志,查明了区内地层、岩体、断裂构造的地质特征和空间展布规律。

1. 岩浆岩遥感地质特征

区内岩浆活动强烈,中生代和晚古生代中酸性侵入岩分布广泛,本次工作共解译出中酸性侵入岩83个,主要岩石类型有粗粒花岗岩、粗粒钾长花岗岩、细粒花岗岩、中细粒花岗斑岩、粗粒二长花岗岩、中细粒二长花岗岩、细粒花岗闪长岩、片麻状粗粒花岗闪长岩和中粒闪长岩。

中酸性侵入岩体在SPOT-5遥感影像上的色调表现为深绿色、浅粉色和深灰色;水系较为稠密,为树枝状水系和似平行状水系,支沟较短;植被较为茂密;山脊形态较为尖棱;沟谷形态表现为"V"形谷(图6-11)。

2. 沉积岩遥感地质特征

重点区内沉积岩主要以沉积碎屑岩为主,主要岩石类型为长石杂砂岩、硅质砂岩、白云岩、生物碎屑灰岩、泥灰岩、粉砂岩、砂质粉砂岩和钙质粉砂岩。由于这些岩石类型胶结程度一般,易于风化,透水性好,层粒不发育,影像上总体呈现为水系稀疏,地形低缓。

在SPOT-5遥感影像上沉积岩表现为灰色、灰白色和浅绿色;植被发育;水系较稀疏,为似平行状水系和树枝状水系,沟谷较长;山脊较圆浑;影纹光滑(图6-12)。

图6-11 二长花岗岩SPOT-5遥感影像

图6-12 白云岩、灰岩SPOT-5遥感影像

3. 变质岩遥感地质特征

重点区内变质岩岩石类型主要为绢云片岩、大理岩、变质粉砂岩、千枚状板岩、云母片岩、石英岩、斜长角闪片岩和绢云石英片岩,解译时以岩性组合为影像单元。在SPOT-5遥感影像

上,变质岩色调表现为灰白色;水系不发育,沟谷相对较长,为树枝状水系;山脊较圆浑;影纹较光滑,与东侧的红水泉组在水系、影纹上差别较大(图6-13)。

4. 火山岩遥感地质特征

重点区内火山岩岩石类型主要为流纹斑岩、火山凝灰岩、凝灰岩、凝灰质砂砾岩、凝灰岩砂岩、凝灰质安山岩、凝灰岩细砂岩、安山岩和火山碎屑岩。在SPOT-5遥感影像上,火山岩色调表现为灰黑色、深灰色;水系不发育,沟谷相对较长,为树枝状水系;山脊平缓;影纹较光滑,与西侧的石炭纪粗粒花岗岩在水系、影纹上差别较大(图6-14)。

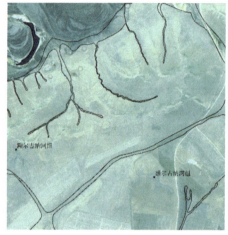 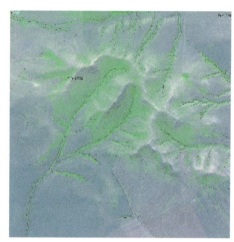

图6-13　大理岩、白云岩SPOT-5遥感影像　　　　图6-14　凝灰质细砂岩GF-1遥感影像

5. 第四系遥感地质特征

第四系松散堆积体主要组合类型为淤泥、细粉砂、亚黏土、黏土、腐殖土、细砂、黏土、粉砂、砂砾石、细粒粉砂、黏土、有机质腐泥、砂砾石、中粗砂、砂质土、黏土、粉砂土、细砂、黏土、粉砂泥土、砂砾石、细粒粉砂、黏土、有机质腐泥和砂砾石层砂质土、泥砂土。第四系在SPOT-5遥感影像上的特征较为明显,从形态上直接就能判读,虽然第四系在遥感影像上色调表现为灰绿色,但从其影像上呈半圆形、椭圆形影纹,多为地势平坦区,且水系比较发育,主要分布在额尔古纳河及其支流的河谷中(图6-15)。

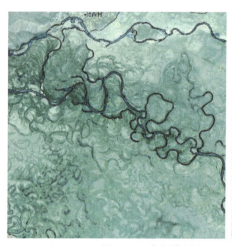 

图6-15　全新统沼积SPOT-5遥感影像和实地照片

重点区位于内蒙古自治区东北部大兴安岭山脉的西缘,地处天山-内蒙古中部-兴安地槽褶皱区(Ⅰ级构造单元),兴安地槽褶皱系(Ⅱ级构造单元),额尔古纳兴凯地槽褶皱带(Ⅲ级构造单元)。

6. 地层

重点区位于内蒙古自治区东北部大兴安岭山脉的西缘,地层区划属于天山-兴安地层区-大兴安岭地层分区,区内解译出的地层较全,从新生界—元古宇均有出露(图6-16、表6-17)。

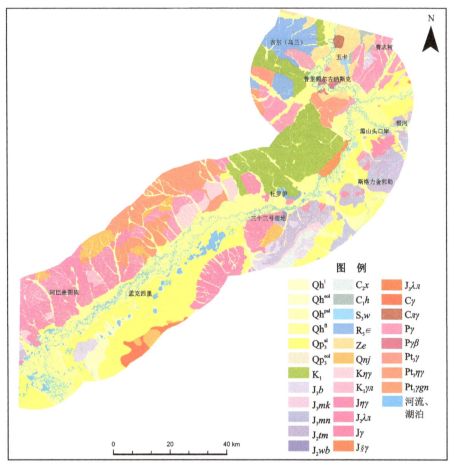

图6-16 额尔古纳河满洲里—黑山头镇段重点区基础地质遥感解译图

表6-17 额尔古纳河满洲里—黑山头镇段重点区遥感解译地层表

年代地层			岩石地层	地质代码	岩石组合	出露面积/km²
界、系、统						
新生界	第四系	全新统	全新统沼积	Qh^{fl}	淤泥、细粉砂、亚黏土、黏土、腐殖土	1 752.06
			全新统风积	Qh^{eol}	细砂、黏土、粉砂	18.79
			全新统湖积	Qh^{l}	砂砾石、细粒粉砂、黏土、有机质腐泥	130.69
			全新统冲洪积	Qh^{pal}	砂砾石、中粗砂、砂质土、黏土、粉砂土	569.33

续表 6-17

年代地层			岩石地层	地质代码	岩石组合	面积/km²
界、系、统						
新生界	第四系	更新统	上更新统风积	Qp_3^{eol}	细砂、黏土、粉砂泥成	7.77
			上更新统湖积	Qp_3^l	砂砾石、细粒粉砂、黏土、有机质腐泥	15.08
			上更新统冲积	Qp_3^{al}	砂砾石层砂质土和泥砂土	1 232.26
中生界	白垩系		下白垩统未分组	K_1	砂岩、粉砂岩、砂质粉砂岩、粉砂质板岩	729.84
	侏罗系		上侏罗统	$J_3\lambda\pi$	流纹斑岩、火山凝灰岩	433.85
			满克头鄂博组	J_3mk	凝灰岩、凝灰质砂砾岩	29.49
			玛尼吐组	J_3mn	凝灰质安山岩、安山岩、火山碎屑岩	78.61
			白音高老组	J_2b	凝灰质细砂岩、硅质砂岩	141.33
			万宝组	J_2s	粉砂质板岩、凝灰质砂岩	2.8
			塔木兰沟组	J_2tm	安山岩、凝灰岩、火山碎屑岩	369.59
上古生界	石炭系		新依根河组	C_2x	长石杂砂岩、粉砂质板岩、板岩夹少量的灰岩	41.65
			红水泉组	C_1h	生物碎屑灰岩、钙质粉砂岩	16.98
下古生界	志留系		卧度河组	S_3w	粉砂质泥板岩、粉砂质泥岩	10.29
	寒武系		纳达罗夫组	$\in_3 r$	白云岩、灰岩、泥灰岩、绢云片岩、粉砂岩	247.47
元古宇	震旦系		额尔古纳河组	Ze	大理岩、白云岩夹变质粉砂岩、千枚状板岩、云母片岩和石英岩	213.25
	青白口系		佳疙瘩组	Qbj	斜长角闪片岩、绢云石英片岩	176.27

1) 元古宇(Pt)

重点区内元古宇出露的地层有新元古界青白口系佳疙瘩组和震旦系的额尔古纳河组。

佳疙瘩组(Qbj)：区内出露面积较少，面积约 176.27km²，主要分布于区内的南部阿巴盖图伊北和孟可西里南一带。主要岩性为斜长角闪片岩、绢云石英片岩。与上侏罗统流纹斑岩、火山凝灰岩呈不整合接触关系。

在 SPOT-5 遥感影像上的色调为浅绿色和土黄色；水系稀疏，为树枝状水系；地形较平缓；山脊圆浑。

额尔古纳河组(Ze)：区内出露面积较大，约 213.25km²，主要分布于区内北部额尔古纳河右岸的黑山头镇北、根河口西北、伊诺盖沟、普里额尔古纳斯克北、格其鲁堆沟西一带。总体呈北东向展布。主要岩性为大理岩、白云岩夹变质粉砂岩、砂质板岩、千枚状板岩、云母片岩和石英岩。与周围的地层呈不整合接触关系。

在 GF-2 遥感影像上的色调为浅褐色，影纹光滑，水系稠密，为树枝状水系；石英岩在影像上表现为垄岗状地形(图 6-17、图 6-18)。

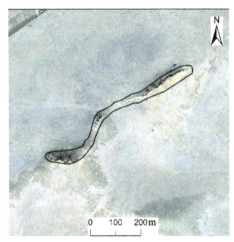

图 6-17　石英岩遥感影像

图 6-18　石英岩野外照片

2) 下古生界(Pz₁)

重点区内下古生界出露的地层为纳达罗夫组和志留系卧度河组。

纳达罗夫组(∈₃r)：区内出露面积较小，约 247.47km²，主要分布于额尔古纳河左岸的吉尔(乌兰)和普里额尔古纳斯克西一带，主要岩性为白云岩、灰岩、泥灰岩、绢云片岩、粉砂岩。与下伏地层上白垩统呈不整合接触关系。

在 SPOT-5 遥感影像上的色调为土灰色和灰绿色；水系稀疏，为树枝状水系，沟谷较宽；地形较高；山脊较圆浑。

卧度河组(S₃w)：出露面积较小，约 10.29km²，仅在重点区额尔古纳河左岸的伊诺盖沟一带有小面积的分布，主要岩性为粉砂质泥板岩、粉砂质泥岩。

在 SPOT-5 遥感影像上色调为土灰色和白色；水系较稀疏，为树枝状水系；山脊较圆浑。

3) 上古生界(Pz₂)

重点区内上古生界出露的地层为下石炭统红水泉组和上石炭统新依根河组。

红水泉组(C_1h)：区内出露面积较小，约 16.98km²，仅在区内北部额尔古纳河左岸的伊诺盖沟和格其鲁堆沟北部一带有小面积的分布，主要岩性为生物碎屑灰岩、钙质粉砂岩。与震旦系额尔古纳河组和上侏罗统白音高老组呈不整合接触关系。

在 SPOT-5 遥感影像上的色调为浅绿色、土灰色；水系稀疏，为树枝状水系和似平行状水系；地形较为平缓，山脊较圆浑。

新依根河组(C_2x)：区内出露面积较小，约 41.65km²，仅在区内中部额尔古纳河右岸的八大关村南部一带有小面积的分布，主要岩性为长石杂砂岩、粉砂质板岩、板岩夹少量的灰岩。与上侏罗统满克头鄂博组和白音高老组呈不整合接触关系。

在 SPOT-5 遥感影像上的色调为灰黄色、绿色；水系较为稠密，为树枝状水系；影纹较杂乱。

4）中生界（Mz）

重点区内中生界出露的地层为中侏罗统塔木兰沟组、万宝组和上侏罗统满克头鄂博组、玛尼吐组、白音高老组，上侏罗统、下白垩统未分。

塔木兰沟组(J_2tm)：出露面积较大，约 369.59km²，主要分布于区内的中部八大关村南、斯格力金郭勒和黑山头镇一带地区，主要岩性为灰白色、紫褐色安山岩、灰白色凝灰岩、火山碎屑岩（图 6-19、图 6-20）。与满克头鄂博组呈整合接触关系；与白音高老组、玛尼吐组和额尔古纳河组呈不整合接触关系。

图 6-19　塔木兰沟组遥感影像

图 6-20　塔木兰沟组野外照片

在 GF-2 遥感影像上色调为浅粉色、褐色；水系稠密，为树枝状水系和似平行状水系；影纹光滑。

万宝组(J_2wb)：出露面积最小，约 2.8km²，仅在额尔古纳河右岸的三十三号湿地一带有零星的出露，主要岩性为凝灰岩砂岩和粉砂质砂岩。与下伏地层塔木兰沟组呈整合接触关系。

在 SPOT-5 遥感影像上的色调为灰黄色、绿色；水系较为稠密，为树枝状水系；影纹较光滑。

满克头鄂博组(J_3mk)：出露面积较小，约 29.49km²，仅在额尔古纳河右岸的红旗村和八大关村南一带有小面积的分布,走向总体呈北东向,主要岩性为凝灰岩和凝灰质砂砾岩。与上覆地层塔木兰沟组呈整合解除关系;与下伏地层新依根河组呈不整合接触。

在SPOT-5遥感影像上的色调为浅绿色;水系稀疏,为树枝状水系;地形较为平缓,山脊较浑圆。

白音高老组(J_2b):出露面积较大,约141.33 km²,主要分布于区内的中南部三十三号湿地东南和孟克西里西北,主要岩性为灰白色凝灰质细砂岩、硅质砂岩、浅紫色流纹岩、粗面岩、英安岩、酸性火山碎屑岩。与周围地层呈不整合接触关系。

在SPOT-5遥感影像上的色调为浅灰绿色、浅灰白色;水系稀疏,为树枝状水系,地形相对周围较高。

玛尼吐组(J_3mn):出露面积较小,约78.61 km²,仅在额尔古纳河左岸的东南沟、斯格力金郭勒北和斯格力金郭勒南一带有小面积的分布,走向总体呈北东向,主要岩性为凝灰质安山岩、安山岩和火山碎屑岩。与周围地层呈不整合接触关系。

在SPOT-5遥感影像上的色调为灰色和浅灰绿色;水系稀疏,为树枝状水系,沟谷较宽;地形较平缓;山脊较浑圆。

上侏罗统($J_3\lambda\pi$):出露面积较大,约422.85 km²,主要分布于区内额尔古纳河左岸地区的阿巴盖图依和杜罗伊地区,主要岩性为流纹斑岩、火山凝灰岩。与周围地层呈不整合接触关系。

在SPOT-5遥感影像上的色调为浅绿色、灰白色;水系稀疏,为树枝状水系;影纹较光滑;地形较平坦。

下白垩统未分组(K_1):出露面积较大,约729.84 km²,主要分布于区内额尔古纳河左岸中部地区的旧楚鲁海图伊西和普里额尔古纳斯克西地区,主要岩性为砂岩、粉砂岩、砂质粉砂岩、粉砂质板岩。与下伏地层纳达罗夫组呈不整合接触关系。

在SPOT-5遥感影像上的色调为浅绿色;水系稀疏,为树枝状水系;影纹较光滑。

5)新生界(Cz)

调查区内新生界出露的地层为上更新统冲积、上更新统湖积和全新统冲洪积、全新统湖积、全新统风积、全新统沼积。

上更新统冲积(Qp_3^{al}):分布面积较大,约1 232.26 km²,主要分布于区内山前山麓地带,常构成山前垄岗状、高台地等地形,主要由砂砾石层砂质土和泥砂土组成。

在SPOT-5遥感影像上的色调为灰色和浅灰绿色;影纹光滑;地形平坦。

上更新统湖积(Qp_3^l):分布面积较小,约15.08 km²,主要分布于区内南部的孟克西里南部28 km处和东北部28 km处一带,主要由砂砾石、细粒粉砂、黏土、有机质腐泥组成(图6-21)。

在SPOT-5遥感影像上的色调为绿色和白色;影纹光滑,地形平坦。

上更新统风积(Qp^{3eol}):分布面积较小,约7.7 km²,仅在区内南部的孟克西里东部一带有小面积的分布,主要由细砂、黏土、粉砂泥组成(图6-22)。

在SPOT-5遥感影像上的色调为白色;斑点状影纹,地形平坦。

图 6-21 上更新统湖积遥感影像

图 6-22 上更新统风积遥感影像

全新统冲洪积（Qh^{pal}）：分布面积较广，主要分布于区内的额尔古纳河两侧和中部山丘陵两侧的沟谷地带，出露面积较大，约 569.33km^2，主要岩性为砂砾石、中粗砂、砂质土、黏土、粉砂土，厚 6～9m（图 6-23）。

在 GF-2 遥感影像上的色调为浅灰褐色；影纹较光滑；与周围色调差别较大。

全新统湖积（Qh^l）：分布面积较大，约 127.69km^2，主要分布在区内南部的孟克西里南和三十三号湿地一带，主要岩性为砂砾石、细粒粉砂、黏土、有机质腐泥，厚 3～5m。

在 SPOT-5 遥感影像上的色调为浅绿色；影纹光滑，地形平坦。

全新统风积（Qh^{eol}）：分布面积较小，约 17.79km^2，仅在区内南部的孟克西里南和三十三号湿地一带有零星的分布，主要岩性为细砂、黏土、粉砂，厚 1～2m。

在 SPOT-5 遥感影像上的色调为灰白色；斑点状影纹，地形平坦。

全新统沼积（Qh^{fl}）：广泛分布在区内的额尔古纳河两侧低洼地带，出露面积较大，约 1 752.06km^2，主要岩性为淤泥、细粉砂、亚黏土、黏土、腐殖土，厚 6～8m（图 6-24）。

在 GF-2 遥感影像上的色调为浅粉色和浅绿色；为小半环状影纹；与周围影像差别较大。

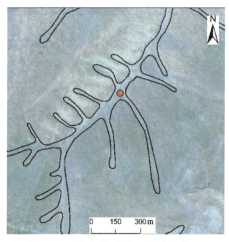

图 6-23 全新统冲洪积遥感影像

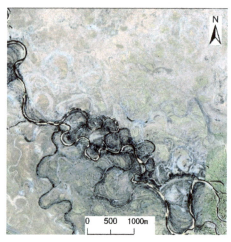

图 6-24 全新统沼积遥感影像

2. 岩浆岩

重点区内岩浆活动强烈，不同时代、不同岩石类型的侵入岩分布广泛，出露面积 1 779.87km²，占区内总面积的 22%。总体呈北东向展布。岩石类型较为复杂，主要有粗粒花岗岩、粗粒钾长花岗岩、细粒花岗岩、中细粒花岗斑岩、粗粒二长花岗岩、中细粒二长花岗岩、细粒花岗闪长岩、片麻状粗粒花岗闪长岩和中粒闪长岩。

依据本项目采用 SPOT-5 和 GF-2 遥感影像，在充分利用已有的区调资料的基础上，结合影像特征、区域地质构造、岩石矿物特征综合分析，建立的侵入岩解译标志，将解译出的区内侵入岩分为 3 个岩浆活动期：中生代侵入岩、晚古生代侵入岩和元古宙侵入岩（表 6-18）。

表 6-18 额尔古纳河满洲里—黑山头镇段重点区岩浆岩统计表

地质年代		主要岩石类型	地质代码	面积/km²	分布地区
中生代	白垩纪	花岗闪长岩	$K\eta\gamma$	150.17	区内西南部
	侏罗纪	细粒花岗岩	$J\gamma$	460.91	区内中部及西南部
		细粒钾长花岗岩	$J\xi\gamma$		
		花岗岩	$J\gamma$		
		花岗闪长岩	$J\eta\gamma$		
晚古生代	二叠纪	细粒花岗岩	$P\gamma$	602.47	区内北部和西南部
		粗粒花岗岩	$P\gamma$		
		黑云母二长花岗岩	$P\gamma\beta$		
	石炭纪	花岗岩	$C\gamma$	92.21	区内东南部
		二长花岗岩	$C_\pi\gamma$		
元古宙		花岗闪长岩	$Pt_3\eta\gamma$	386.2	区内的中南部
		花岗片麻岩	$Pt_1\gamma gn$		

1）中生代侵入岩

重点区内白垩纪花岗闪长岩和侏罗统侵入岩出露面积较大，主要出露于区内中部和西南部的黑山头镇南、阿巴盖图依和杜罗伊一带，出露面积约 611.08km²。主要岩石类型以白垩纪花岗闪长岩，侏罗纪细粒花岗岩、细粒钾长花岗岩、花岗岩和花岗闪长岩为主，主要呈岩株状产出。

在 SPOT-5 遥感影像上的色调为灰绿色和灰土色；水系稠密，为向心状水系和树枝状水系；山脊较尖棱。

2)晚古生代侵入岩

重点区内晚古生代侵入岩分布最广泛,主要出露于区内的北部的五卡、红旗村、普里额尔古纳斯克和中南部的阿巴盖图依北部和南部一带,出露面积约 694.68km²。主要岩石类型为二叠纪细粒花岗岩、粗粒花岗岩、黑云母二长花岗岩,石炭纪花岗岩和二长花岗岩,与周围地层呈侵入接触关系(图 6-25、图 6-26、图 6-27),主要呈岩株状产出。

在 SPOT-5 遥感影像上的色调为绿色和灰黄色;水系较稠密,为似平行状水系和树枝状水系;山脊较尖棱。

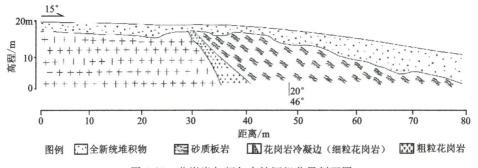

图 6-25 花岗岩与额尔古纳河组分界剖面图

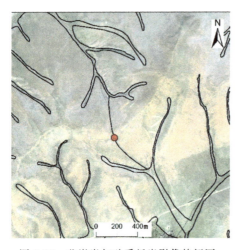

图 6-26 花岗岩与砂质板岩影像特征图

图 6-27 花岗岩与砂质板岩野外照片

3. 构造

重点区断裂构造不太发育,总共解译出 58 条大小不等的断裂,其中北部断裂构造较为发育,以北东向、北北东向断裂为主要构造方向,其次为北西向断裂构造。北北东向断裂 19 条,北东向断裂 16 条,北西向断裂 23 条,解译出区域性断裂 1 条,一般性断裂 51 条,区内的主要区域性断裂为阿巴盖图依断裂,总体向北东向展布。下面就主要断裂特征做如下叙述。

1)八大关东断裂(F_{29})

该断裂位于重点区的中部八大关村西南 6km 处一带,全长约 13.59km²,总体呈北东向。

该断裂具有多期活动特征,不仅控制了石炭系新伊根河组和侏罗系满克头鄂博组、塔木兰沟组、白音高老组分布,而且为地层的边界断裂。

该断裂在遥感影像上表现为:断裂南侧色调为灰色,北侧色调为浅灰绿色,呈规则的线性构造,地貌上呈线性的沟谷、丫脖负地形并发育陡坎、陡崖。

2)三十三号湿地南断裂(F_{50})

该断裂位于重点区的中部三十三号湿地南5.5km处一带,全长约43.60km²,总体呈北北东向,两端呈弧状延伸。该断裂为山前冲积平原和山区的分界断裂,断裂南侧为以侏罗纪花岗岩为主的山区,断裂北侧为冲积小平原和山前倾斜平原。

该断裂在遥感影像上表现为:断裂北侧色调为灰色;南侧为浅灰绿色,呈规则的线性构造;断裂北侧水系稀疏,断裂南侧水系发育,为树枝状水系。地貌上呈线性的沟谷、丫脖负地形,发育陡坎、陡崖。

3)阿巴盖图依断裂(F_{52})

该断裂位于重点区的西南部阿巴盖图依北一带,全长约49.12km²,总体呈北东向,断裂性质为左形。该断裂具有多期活动特征,自南向北依次切割了二叠纪花岗岩、元古宙花岗闪长岩、侏罗纪花岗闪长岩、二叠纪细粒花岗岩和新元古代花岗闪长岩,并控制了青白口系佳疙瘩组和上侏罗统的分布。

该断裂在遥感影像上表现为:色调为浅灰绿色,呈规则的线性构造,常为不同影纹和水系的分界线,地貌上呈线性的沟谷、丫脖负地形,发育陡坎、陡崖。

二、工程地质遥感调查

(一)调查监测内容及要求

工程地质遥感调查首先要查清地层岩性、岩石类型(坚硬岩、较坚硬岩、较软岩、软岩和极软岩)、岩石风化程度、风化层厚度、上覆土质类型、上覆土土质硬度等级、下部岩石类型、岩石完整程度、节理发育程度等。岩体工程地质类型按其岩体的成因、岩体结构及岩性特征及工程地质特征进行划分。工程地质类型划分为土体、岩体和特殊岩土体三大类(表6-19)。除特殊岩土体不进行二级划分外,岩体及特殊岩土类型划分到二级类别。

岩石类型根据岩石单轴饱和抗压强度划分为坚硬岩、较坚硬岩、较软岩、软岩和极软岩五类岩组。根据风化程度将三大类岩石划分成10个亚类,岩石坚硬程度主要参考新鲜岩石样本力学测试结果。具体岩性详见工程地质类型分类标准(表6-9、表6-10)。

土体类型按照成因类型主要有基岩风化壳和第四系松散堆积物两种类型。

按照土质的物质组成及存在形态,具体将土体分为硬土、普通土及松土三类(表6-19)。

根据项目需要,主要调查不同地质单元的风化程度及上覆土类型,根据风化程度将三大岩类分成9个二级类别。将风化层厚度划分为4个等级,每类地层岩性对应的风化层厚度见表6-19。

表 6-19 工程地质类型

一级类别		二级类别	
符号	名称	符号	名称
MS	土体	LS	松土
		CS	普通土
		HS	硬土
MR	岩石	SR	软岩
		SSR	较坚岩
		SOR	坚岩
ESR	特殊岩土	FS	冻土
		SAS	盐渍土
		LOS	黄土
		RS	红黏土

遥感解译精度要求：工程地质和水文地质解译要求直径大于 500m 的闭合地质体；宽度大于 50m，长度大于 500m 的块状地质体；线性地物（如断裂）长度≥250m。

（二）调查监测方法及技术路线

开展工程地质遥感调查之前，必须弄清重点区地质背景情况，基础地质遥感调查成果直接影响工程地质遥感调查成果的准确性。

工程地质遥感解译的技术路线以基础地质调查成果为依托，结合外业调查验证成果进行岩石风化程度遥感解译，并结合地形、植被等因子的指示作用，完成工程地质地层岩性的分类及风化程度定级。

其中对土的解译离不开对岩石风化程度的分析，岩石的风化程度不仅取决于岩性本身，同时与岩石所处的地貌、外部环境等一系列因素密切相关，根据项目前期野外调查经验，将风化层厚度划分为 4 个等级，每类地层岩性对应的风化层厚度见表 6-20。

表 6-20 风化层厚度划分与主要地层岩性表

级别	风化层厚度	地层岩性
Ⅰ	0	裸岩：岩体（细粒碱性花岗岩）、变质岩（变粒岩）
Ⅱ	<1m	岩体：细粒花岗岩类、闪长岩类（花岗闪长岩、花岗岩、二长花岗岩等）、新近纪火山岩；地层：太古宙、元古宙、古生代、中生代等白垩纪以前的地层
Ⅲ	1～2m	岩体：中粗粒花岗岩类、闪长岩类；地层：白垩系、古近系、新近系残积与残坡积
Ⅳ	>2m	岩体：粗粒花岗岩类、闪长岩类；地层：新近系坡积

在开展岩性解译与风化程度分析的过程中,由于各种解译具有不确定性、多解性,主要是采取依据地学知识、工作经验,遵从一定的原则、合理使用遥感地学分析方法的方式进行上述工作。

开展岩石风化程度的解译工作需要充分了解制约岩石风化性质与特征的因素,主要包括气候、地形和岩石特征三大类。①在不同的气候带,岩石风化的性质和特点不同。重点区属北温带半湿润大陆性季风气候,四季分明,冬长夏短。冬季以冰劈作用为主,岩石易破碎成具有棱角状的粗大碎块;夏季以化学风化和生物风化作用为主,形成较厚的风化层。②地形因素:地势起伏程度对风化的性质与特征具有重要的控制意义,地势起伏大的山区基岩多裸露,物理风化较为活跃,同时外力搬运及重力搬运作用明显,风化物受搬运作用影响易在山脚、坡脚处形成残坡积和崩坡积物;地势低缓的地区,风化产物多残留原处。③岩石特征:岩石抗风化能力的强弱与其所含矿物成分、胶结物、不容矿物的含量密切相关。酸性火成岩较难风化;沉积岩在近地表环境下形成,性质相对稳定,其中石英岩和石英砂岩抗风化能力强,黏土化学性质较为稳定,以物理风化为主;变质岩的风化性质因其成分而有所差别。岩石的结构、构造决定岩石的致密程度和坚硬程度,从而影响岩石的风化。节理破坏岩石的连续性和完整性,是促进岩石风化的因素。岩石中节理密集处往往风化强烈。在自然界,影响风化作用的各种因素多是联合作用的。在本次工作过程中,对岩石风化程度的解译需要在准确确定岩性的基础上,结合本地区气候、地形等外界因素进行综合判定(图6-28)。

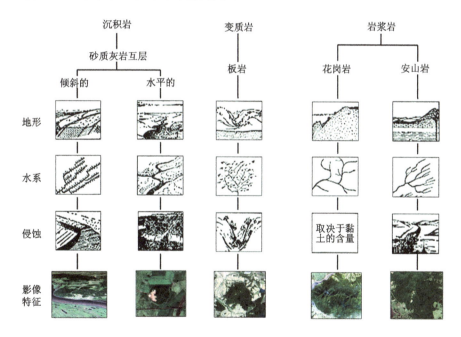

图6-28 岩性及其风化程度解译方法图示

对土体的信息提取方法如下。

根据成因类型分两大类。基岩风化壳和第四系松散堆积层。

针对基岩区风化壳土体类型的遥感解译。基岩风化壳分类主要由其物质组成、土体中碎石含量及粒径决定。

基岩区的遥感解译主要是在解译了岩性的基础上,结合新构造解译成果,推断基岩区岩石的风化程度,综合考虑地形地貌、植被覆盖等因素。不同岩性有着不同的抗风化程度,不同的构造运动会对基岩产生不同的破坏,断裂的发育直接影响岩石完整程度和节理发育程度。

针对第四系松散堆积物的遥感解译。土体类型划分主要根据成因类型及其粒度成分性质和工程地质特征进行一级划分,然后根据其垂向结构特征进行二级划分,从而确定土体工程地质类型。

残坡积:主要分布于丘陵沟谷坡脚一带,一般都是砂质黏土,粉土夹碎石。主要成因是基岩风化壳经过外力搬运作用形成。

冲洪积:主要分布于河床,河漫滩及阶地,一般为砂土、砂砾卵石土。

崩坡积:主要分布于斜坡边缘、高陡斜坡的坡脚处,碎块石成分与地层岩性密切相关,一般为黏土夹碎石、块石。此类岩组颗粒差异较大,大多是由土石滑坡或风化壳崩塌形成的。

根据不同的成因类型基本上就可以确定土体类型,再结合土体物质结构确定土体类型级别,土体所含石块、碎石含量越高,土体硬度级别越高;土体所含石块、碎石粒径越大,土体硬度级别越高(表 6-21)。

表 6-21 不同成因类型土体分类表

土体类型	成因类型	结构	工程地质岩组
硬土	基岩风化壳	单层	碎石、块石
		多层	块石+砂砾土、碎石+砂砾土
普通土	基岩风化壳	单层	全风化基岩,通常以砂土的形态存在
	冲-洪积	单层	黏性土、砂类土、砾类土
		双层	上部黏性土、下部砂类土
			上部黏性土、下部砾类土
			上部黏砂类土、下部砾类土
		多层	上部为黏性土,中部为粉土、砂类土,下部为砾类土;上部为砂类土,中部为淤泥类土,下部为砾类土
松土	冲积、沼泽堆积、湖积		淤泥质土、沼泽
			水田
特殊土	其他成因		冻土、黄土、膨胀性岩土、盐渍土

(三)调监测数据分析

1. 额尔古纳河恩和—七卡段重点区工程地质

按照坚硬岩、较坚硬岩、较软岩、软岩、极软岩、巨粒类土、粗粒类土、细粒类土 8 个工程岩土类型,坚硬岩 3 级、较坚硬岩 2 级、较软岩 2 级、软岩 1 级、极软岩 1 级、巨粒类土 3 级、粗粒类土 2 级、细粒类土 2 级,共计 16 个工程岩土体亚类型的分类方案,解译圈定了不同工程岩土体的单元界线、空间分布范围,获取了面积统计数据。

重点区内共涉及坚硬岩 3 级、较坚硬岩 2 级、较软岩 2 级、软岩 1 级、极软岩 1 级、巨粒类土 1 级、粗粒类土 2 级、细粒类土 2 级，共计 14 个工程岩土体亚类型。各工程岩土体亚类型在重点区内所占面积及比例如表 6-22 所示。

表 6-22 额尔古纳河流域恩和—七卡段重点区不同硬度等级分布面积统计表

工程岩土体类型	岩石硬度等级	面积/km²		百分比/%
坚硬岩	I_1	1.92	553.97	13.8
	I_2	113.09		
	I_3	438.96		
较坚硬岩	II_1	78.00	938.52	23.4
	II_2	860.52		
较软岩	III_1	1 131.26	1 326.32	33.1
	III_2	195.16		
软岩	IV_1	38.40	38.40	0.01
极软岩	V_1	369.00	369.00	9.22
巨粒类土	VI_3	1 763.53	1 763.53	44.07
粗粒类土	VII_1	958.16	1 451.30	36.2
	VII_2	493.14		
细粒类土	VIII_1	574.74	786.09	19.6
	VIII_2	211.35		

1）工程地质岩组解译特征

根据岩石类型、岩性特征、矿物成分、成因类型等对岩石进行工程地质类型划分，重点区内岩石共划分为五大类，即坚硬岩、较坚硬岩、较软岩、软岩和极软岩。

（1）坚硬岩。

A. 岩石硬度等级 1 级——I_1

该等级岩石在区内较少，主要分布于区内东南角地区的永胜村西北部一带。主要岩石类型为白垩系梅勒图组的玄武玢岩和安山岩。岩石完整度为较完整，颗粒较细、岩石致密，岩石硬度等级较高，节理较为发育，风化程度为微风化。

B. 岩石硬度等级 1 级——I_2

该等级岩石主要分布于区内的中部和北部一带，在额尔古纳河右岸主要分布于八卡岛东、室韦镇南；额尔古纳河左岸分布较少，主要分布在涅尔钦斯基扎沃德东一带。主要岩石类型为石炭纪的中细粒花岗斑岩和二叠纪的细粒花岗岩、细粒花岗闪长岩。

侵入岩颗粒相对 I_1 较粗，岩石致密程度相对较差，岩石硬度等级相对较低，为细粒，石英含量较多，岩石为致密坚硬，节理较为发育，岩石较为完整，对其进行了降级处理，风化类型为微风化（图 6-29）。

C. 岩石硬度等级 1 级——I_3

该等级岩石主要分布于区内的西南部和中部地区，额尔古纳河右岸主要分布于八卡岛东北—水墨村东一带；额尔古纳河左岸主要分布在戈尔内泽连图伊东南和卡达亚东南一带。主

图 6-29 二叠纪中细粒花岗闪长岩野外照片

要岩石类型为奥陶纪中粒闪长岩、石炭纪二长花岗岩、古元古代的中粗粒钾长花岗岩。

此硬度等级的岩石岩性均为中酸性侵入岩,结构均为中粗粒结构,长石和云母含量较多,胶结程度相对较差,岩石硬度等级相对较低,致密程度较高,节理较为发育,岩石完整度为较完整,风化程度为微风化(图 6-30)。

图 6-30 奥陶纪中粒闪长岩野外照片

(2)较坚硬岩。

A. 岩石硬度等级 2 级——II_1

该硬度等级岩石在区内出露面积不大,主要分布于区内的东南部正阳村南和东北一带。主要岩石类型为灰绿色、紫褐色中性火山熔岩、中酸性火山碎屑岩夹火山碎屑沉积岩。

根据岩石的结构、构造和野外观察,岩石硬度等级相对较高,岩石完整度为较完整,节理较发育,抗风化程度较高,风化程度为微风化(图 6-31)。

B. 岩石硬度等级 2 级——II_2

该硬度等级岩石在区内出露面积较大,主要分布于额尔古纳河右岸的永胜村西北、正阳村南、八卡岛、八卡岛东、水墨村北及水墨村东南一带;额尔古纳河左岸主要分布于戈尔内泽连图

图 6-31　火山岩野外照片

伊东和卡达亚南部大部分地区。主要岩石类型为大理岩、白云岩夹变质粉砂岩、千枚状板岩、云母片岩和灰白色、灰黑色凝灰岩、火山碎屑岩夹碎屑岩。

根据岩石及岩石组合各个类型的结构、构造和野外观察,岩石硬度等级相对$Ⅱ_1$较低,岩石较为完整,节理较为发育,变质碳酸盐岩和变质火山岩含量较多,硬度等级较好,抗风化程度较高,风化程度为微风化(图6-32)。

图 6-32　凝灰岩野外照片

(3)较软岩。

A.岩石硬度等级3级——$Ⅲ_1$

该硬度等级岩石在区内出露面积较大,额尔古纳河右岸主要分布于正阳村、正阳村南、水墨村北、地营子、协荣;额尔古纳河左岸主要分布于区内的卡达亚—戈尔内泽连图伊一带。主要岩石类型为粗粒花岗岩、杂砂岩、板岩、灰岩夹凝灰岩。

根据岩石的矿物成分、结构构造和实地野外观察,粗粒花岗岩颗粒较粗,含水性较强,抗风化能力较弱,这些岩石硬度等级较低,节理发育,岩石完整性为破碎性,风化程度为强风化(图6-33)。

图 6-33　石炭纪粗粒花岗岩野外照片

B. 岩石硬度等级 3 级——Ⅲ$_2$

该硬度等级岩石在区内出露面积较大，额尔古纳河右岸主要分布于七卡上三岛南、永胜村西北和水墨村北；额尔古纳河左岸主要分布于涅尔钦斯基扎沃德和卡达亚南一带。主要岩石类型为灰绿色、紫红色板岩夹粉砂岩和片麻状粗粒花岗闪长岩。

根据岩石的矿物成分、结构构造和实地野外观察，这些岩石硬度等级较低，节理很发育，岩石完整性为破碎，抗风化能力较弱，风化程度为强风化。

（4）软岩。

A. 岩石硬度等级 4 级——Ⅳ$_1$

该硬度等级岩石在区内出露面积较小，主要分布于额尔古纳河右岸的东南部的正阳村南、正阳村西、地营子南一带。主要岩石类型为粗粒花岗岩、二长花岗岩。

根据粗粒花岗岩、二长花岗岩的矿物成分、结构构造和实地野外观察，这些岩石含水性较强，节理较发育，抗风化能力较强，硬度等级较低，岩石完整性为破碎，风化程度为全风化（图 6-34）。

图 6-34　二叠纪粗粒花岗岩野外照片

(5)极软岩。

岩石硬度等级 5 级——V_1

该硬度等级岩石在区内分布较少,只在额尔古纳河右岸的正阳村和额尔古纳河左岸的卡达亚西北一带有少量分布。主要岩石类型为粉砂质泥板岩、粉砂质泥岩。

根据粉砂质泥板岩、粉砂质泥岩的矿物成分、结构构造和实地野外观察,这些岩石硬度等级较低,节理很发育,岩石完整性为破碎,抗风化能力较弱,风化程度为强风化。

2)土体分类情况

根据土体的成因类型、成因环境、形成时代和下部的岩性特征、岩石结构构造、岩石矿物含量、岩石硬度、岩石风化程度及野外实地观察等对土体进行工程地质类型划分并确定土体的厚度,重点区内土体共划分为一级类型 3 类:巨粒类土、粗粒类土和细粒类土。二级类 6 类:巨粒混合土、砾类土、砂类土、含粗粒的细粒土、细粒土。

(1)巨粒类土。

上覆土土质硬度 6 级——巨粒混合土(VI_3)

该土体类型在区内分布面积较大,主要分布于重点区内的中部及北部地区,额尔古纳河右岸主要分布于区内的正阳村北、八卡岛东、水墨村、地营子和协荣村;额尔古纳河左岸主要分布于卡达亚—戈尔内泽连图伊—涅尔钦斯基扎沃德一带。重点区内巨粒混合土主要为山区残坡积层,上覆土土质类型为含碎石、块石的砂土及残积土,上覆土土质厚度较薄,约 0.6m。

(2)粗粒类土。

A.上覆土土质硬度 7 级——砾类土(VII_1)

该土体类型在区内分布面积较大,主要分布于重点区内的南部和中部额尔古纳河西侧一带。具体分布于额尔古纳河右岸的永胜村西北、正阳村南和地营子南;额尔古纳河左岸主要分布于额尔古纳河西侧的地形平坦地区。重点区内砾类土主要为区内地形相对高差较小的残坡积。上覆土土质类型为碎石土、砂质土、粉砂质土、黏土,上覆土土质较厚,约 3.0m。

B.上覆土土质硬度 7 级——砂类土(VII_2)

该土体类型在区内分布面积较大,主要分布在重点区内第四系洪积、冲洪积和上更新统冲积之中。重点区内砂类土主要为区内地形相对高差较小的残坡积。上覆土土质类型为砂质、细砂质土、亚砂土,上覆土土质较厚,约 3.5m。

(3)细粒类土。

A.上覆土土质硬度 8 级——含粗粒的细粒土(VIII_1)

该土体类型主要分布于区内的地形平缓的耕地之中。具体位于额尔古纳河右岸的正阳村南、协荣、水墨村;额尔古纳河左岸主要分布于涅尔钦斯基扎沃德东南、戈尔内泽连图伊东南和卡达亚东南一带。上覆土土质类型为亚砂土、黏土、细粉砂土和残积土等。上覆土土质较厚,约 5m。

B.上覆土土质硬度 8 级——细粒土(VIII_2)

该土体类型主要分布于区内额尔古纳河两侧第四纪沼泽湿地之中。分布面积相对较小。上覆土土质类型为细粉砂土、黏土、亚黏土、腐殖土等,上覆土土质较厚,约 12.0m。

2.额尔古纳河满洲里—黑山头镇段重点区工程地质

重点区内共涉及坚硬岩 3 级、较坚硬岩 2 级、较软岩 2 级、巨粒类土 1 级、粗粒类土 2 级、细粒类土 2 级,共计 12 个工程岩土体亚类型。各工程岩土体亚类型在重点区内所占面积及比例如表 6-23 所示。

表 6-23　额尔古纳河满洲里—黑山头镇段重点区不同硬度等级分布面积统计表

工程岩土体类型	岩石硬度等级	面积/km²		所占比例/%
坚硬岩	I₂	428.09	2 471.68	56.73
	I₃	489.79		
	I₄	1 553.80		
较坚硬岩	II₁	79.46	621.07	14.25
	II₂	541.61		
较软岩	III₁	1 263.99	1 459.15	29.01
	III₂	195.16		
巨粒类土	VI₃	2 692.21	2 692.21	33.18
粗粒类土	VII₁	1 120.91	2 117.79	26.10
	VII₂	996.88		
细粒类土	VIII₁	1 663.22	3 303.56	40.71
	VIII₂	1 640.34		

1）工程地质岩组解译特征

根据岩石类型、岩性特征、矿物成分、成因类型等进行工程地质类型划分，重点区内岩石共划分为五大类，即坚硬岩、较坚硬岩、较软岩等。

（1）坚硬岩。

A. 岩石硬度等级 1 级——I₂

该硬度等级岩石主要分布于区内的中部和东北部一带，具体分布于区内的五卡、张松年点西、红旗东、黑山头镇南、八大关南、三十三号湿地南、杜罗伊西和阿巴盖图依北一带，分布面积较小，面积约 428.09km²。主要岩石类型为石炭纪的细粒钾长花岗岩、细粒花岗岩、细粒二长花岗岩和石英岩。这些酸性岩均为细粒结构，致密坚硬，正长石含量较高，硬度等级为 6 级，石英岩岩石硬度等级为 7 级，内部质点联结力较强。根据这些岩石结构构造和矿物内部质点联结力，这些岩石硬度等级较高，为坚硬岩 B 类。

在 GF-2 影像上的色调以土浅褐色和灰白色为主，水系较为稠密，为树枝状水系，影纹较光滑，山脊较尖棱（图 6-35）。

B. 岩石硬度等级 1 级——I₃

该硬度等级岩石主要分布于区内的中部和东南部一带，具体分布于区内的黑山头镇南、斯格力金郭勒、八大关村、三十三号湿地东、孟克西里南和阿巴盖图依一带，分布面积较小，面积约 489.79km²。主要岩石类型为灰白色、紫褐色安山岩、灰白色凝灰岩、火山碎屑岩、中粒花岗岩和花岗闪长岩。岩石为中酸性火山岩和中酸性侵入岩，岩石结构为中细粒结构，长石含量较多，硬度等级相对较高，岩石较致密坚硬，火山碎屑岩胶结程度较高，主要成分为岩石硬度等级较高的石英和正长石。根据这些岩石结构构造和岩石主要含量的硬度分析，这些岩石硬度等级较高，为坚硬岩 C 类。

图 6-35　坚硬岩 B -细粒花岗岩（左为典型影像、右为野外照片）

在 GF-2 影像上的色调以浅褐色和褐红色为主，水系较为稠密，支沟发育，为树枝状水系和似平行状水系，影纹较光滑，山脊较圆浑（图 6-36）。

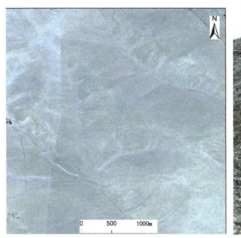

图 6-36　坚硬岩 C -安山岩（左为典型影像、右为野外照片）

C. 岩石硬度等级 1 级——I_4

该硬度等级岩石主要分布于额尔古纳河左岸地区的南部和西南部一带，具体分布于区内的普里额尔古纳斯克、杜罗伊西部和阿巴盖依一带，分布面积较多，面积约 1 553.80km²。主要岩石类型为斜长角闪片岩、绢云石英片岩、花岗片麻岩、花岗闪长片麻岩、石英闪长片麻岩、混合岩、凝灰岩和蚀变安山岩。这些岩石变质和蚀变程度较高。根据原岩的岩石硬度等级，对这些变质和蚀变岩石硬度等级进行降级处理，为坚硬岩 D 类。

在 GF-2 影像上的色调以浅褐色为主，水系较为稀疏，为似平行状水系，影纹较光滑，山脊较圆浑。

（2）较坚硬岩。

A. 岩石硬度等级 2 级——II_1

该硬度等级岩石在区内出露面积较小，只零星分布于额尔古纳河右岸地区的中北部斯格力金郭勒和东南沟一带，面积约 79.46km²。主要岩石类型为凝灰质安山岩及少量的安山岩和火山碎屑岩。根据岩石的结构构造、矿物含量分析和野外观察,火山碎屑岩胶结程度相对较差,岩石硬度等级相对 I_4 较低,岩石完整度为较完整,节理较发育,抗风化程度较高,风化程度为微风化。这些岩石硬度等级划分为较坚硬岩 A 类。

在 GF-2 影像上色调以浅褐色和褐红色为主,水系较为稀疏,地形平缓,影纹较光滑,山脊圆浑。

B. 岩石硬度等级 2 级——II_2

该硬度等级岩石主要分布于区内的北部和中部一带,具体分布于区内的三十三号湿地东、黑山头镇东、五卡东和吉尔(乌兰)一带,分布面积较多,面积约 541.61km²。主要岩石类型为大理岩、白云岩夹变质粉砂岩、砂质板岩、云母片岩、凝灰岩、凝灰质砂砾岩、泥灰岩、绢云片岩、粉砂岩少量的灰岩。这些岩石大部分变质较高。根据原岩的岩石硬度等级,对这些变质岩石硬度等级进行降级处理,为较坚硬岩 B 类。

在 GF-2 影像上的色调以浅褐色和褐红为主,水系较为稀疏,为似平行状水系和树枝状水系,影纹较光滑,山脊较圆浑(图 6-37)。

图 6-37 较坚硬岩 B 野外照片(左为砂质板岩、右为白云岩)

(3)较软岩。

A. 岩石硬度等级 3 级——III_1

该硬度等级岩石主要分布于区内的北部地区,具体分布于区内的杜罗伊、三十三号湿地东、旧楚鲁海图依、古城子、五卡和普里额尔古纳斯克一带,分布面积较大,面积约 1 263.99km²。主要岩石类型为粗粒花岗岩、云母片岩、长石杂砂岩、粉砂质板岩和板岩。粗粒花岗岩由于结构为粗粒,吸水性较好,岩石整体较松软;云母片岩、长石杂砂岩和板岩变质程度较高,云母含量较高,岩石硬度等级较低。这组岩石类型划分为较软岩 A 类。

在 GF-2 影像上的色调以浅褐色和褐红色为主,水系较为稀疏,为树枝状水系,影纹较光滑,山脊较圆浑(图 6-38)。

B. 岩石硬度等级 3 级——III_2

该硬度等级岩石主要分布于区内的中北部地区,具体分布于区内的杜罗伊东、三十三号湿地西、旧楚鲁海图依和普里额尔古纳斯克一带,分布面积较小,面积约 195.16km²。主要岩石类型为灰绿色、紫红色板岩夹粉砂岩和片麻状粗粒花岗闪长岩。根据岩石的矿物成分、结构构造和实地野外观察,这些岩石硬度等级较低,节理很发育,岩石完整性为破碎,抗风化能力较

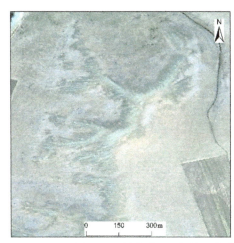 

图 6-38 较软岩 A-粗粒花岗岩（左为典型影像、右为野外照片）

弱，风化程度为强风化。

在 GF-2 影像上的色调以浅褐色和褐红色为主，水系较为稀疏，为树枝状水系，影纹较光滑，山脊较圆浑。

2）土体分类情况

根据土体的成因类型、成因环境、形成时代和下部的岩性特征、岩石结构构造、岩石矿物含量、岩石硬度、岩石风化程度及野外实地观察等对土体进行工程地质类型划分和确定土体的厚度，重点区内土体共划分为一级类型 3 类：巨粒类土、粗粒类土和细粒类土，二级类 6 类：巨粒混合土、砾类土、砂类土、含粗粒的细粒土、细粒土。

(1)巨粒类土。

A. 上覆土土质硬度 6 级——巨粒混合土（Ⅵ$_3$）

该土体类型在区内分布面积较大，面积约 2 692.21 km^2。主要分布于区内的中部及北部地区，额尔古纳河右岸主要分布于区内的三十三号湿地东、斯格力金郭勒、黑山头镇、红旗、五卡和曹志树；额尔古纳河左岸主要分布于吉尔（乌兰）、普里额尔古纳斯克、杜罗伊和阿巴盖图伊一带。重点区内巨粒混合土主要为山区残坡积层，上覆土土质类型为含碎石、块石的砂土及残积土，上覆土土质较薄，约 1.5m。

(2)粗粒类土。

A. 上覆土土质硬度 7 级——砾类土（Ⅶ$_1$）

该土体类型在区内分布面积较大，面积约 1 120.91km^2。主要分布于区内的南部和中部额尔古纳河西侧一带。额尔古纳河右岸主要分布于三十三号湿地东、斯格力金郭勒、黑山头镇、红旗、五卡和曹志树；额尔古纳河左岸主要分布于吉尔（乌兰）、普里额尔古纳斯克和杜罗伊一带的地形平坦地区。重点区内砾类土主要为区内地形相对高差较小的残坡积。上覆土土质类型为碎石土、砂质土、粉砂质土、黏土，上覆土土质较厚，约 3.5m。

B. 上覆土土质硬度 7 级——砂类土（Ⅶ$_2$）

该土体类型在区内分布面积较大，面积约 996.88km^2。在区内大部分地区均有分布，额尔古纳河右岸主要分布于区内的孟克西里、三十三号湿地东、斯格力金郭勒、黑山头镇、红旗、五卡和曹志树；额尔古纳河左岸主要分布于吉尔（乌兰）、普里额尔古纳斯克、阿巴盖图伊和杜罗伊一带。上覆土土质类型为砂质、细纱质土、亚砂土，上覆土土质较厚，约 4.5m。

(3)细粒类土。

A.上覆土土质硬度8级——含粗粒的细粒土(Ⅷ$_1$)

该土体类型在区内分布面积相对较大,面积约1 663.22km^2。主要分布于区内的南部地区。额尔古纳河右岸主要分布于区内的孟克西里、三十三号湿地南;额尔古纳河左岸主要分布普里额尔古纳斯克和阿巴盖图伊和杜罗伊西南一带。重点区内含粗粒的细粒土主要为区内全新统的冲积、冲洪积物。上覆土土质类型为中粗砂、粉细砂、黏土、砾石、粉土质砂、黏土质砂等。上覆土土质较厚,约5.5m。

B.上覆土土质硬度8级——细粒土(Ⅷ$_2$)

该土体主要分布于区内额尔古纳河两侧第四纪沼泽湿地之中。分布面积较大,约1 640.34km^2。上覆土土质类型为细粉砂土、黏土、亚黏土、腐殖土等,上覆土土质较厚,约8.0m。

三、水文地质遥感调查

(一)调查内容及要求

开展地表水和地下水遥感调查。

1. 地表水调查

调查重点区地表水数量及分布特征,解译地表水类型(湖泊、水库、池塘、蓄水池、江河、运河、水渠、泉),测算长度和面积,估算水资源量,并结合外业工作,调查水资源水质情况。

解译出面积大于100m×100m的湖泊,统计湖泊数量,估算湖泊容量,其中湖泊要求参考20世纪60年代遥感数据和2016年度数据进行对比分析,查明湖泊、水库的变化趋势。查明湖泊水质类型,包括淡水、咸水。查明成因类型,包括构造湖、冰川湖、火山湖、堰塞湖和人工湖。

利用20世纪60年代卫星遥感数据和近期遥感数据进行对比分析,解译出面积大于100m×100m的水库,统计水库数量。

利用近期卫星遥感数据(2016年或2015年数据),解译出面积大于10m×10m的池塘/蓄水池,统计数量。

2. 地下水调查

调查内容包括含水岩组类型(分为松散岩类、碎屑岩类、碳酸盐岩类、基岩类4类)、含水断裂构造、地下潜水溢出带和地下水天然露头等解译,确定地下水类型,划分富水性等级,圈定找水靶区。收集水井资料,并结合外业工作,调查水井类型、水位、流量等相关内容,查明潜水、承压水、自流水、上层滞水、地热水分布范围。查明地下水性质如下。

(1)地层:须用汉字进行详细描述,能分到段的要分到段,不能的则分到组。

(2)岩性描述:只有一层岩性的直接描述;如果为双层或多层,需自上而下依次进行描述,并注明各层厚度。

(3)含水岩组类型:分为松散岩类、碎屑岩类、碳酸盐岩类、基岩类4类。

(4)地下水类型:孔隙水、裂隙水。

(5)地下水化学类型:淡水、微咸水、半咸水、咸水。

(6)富水性等级:极丰富、丰富、中等、微弱、弱。

(二)调查方法及技术路线

重点区水文地质环境遥感解译采用国产02C和SPOT-5影像为主要遥感信息源,结合

DEM 数据、区调资料等多源信息建立解译标志,解译浅层地下水含水岩组类型、地下潜水溢出带、地下水天然露头和蓄水构造等。浅层地下水根据其埋藏条件,分为包气带水、潜水、微承压水,因赋存介质不同又分松散岩类孔隙水、碎屑岩类裂隙水、变质岩类裂隙水、碳酸盐岩类岩溶裂隙水和岩浆岩类裂隙水,其中包气带水包括上层滞水,它随季节性变化大,含水量有限,供水意义不大,不予单独解译。浅层地下水含水岩组类型主要根据地下水赋存介质及其赋存空间不同而加以区分(图 6-39)。

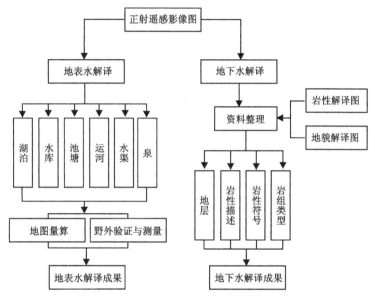

图 6-39 水文地质专题遥感解译技术流程图

重点区水文地质环境遥感调查主要是收集前人资料,借助 3S 技术,解译确定浅层地下水含水岩组类型及其分布范围、含水断裂构造、地下潜水溢出带、地下水天然露头等。初步分析浅层地下水补给、径流、排泄规律及相对富水区域。图件最终叠加地表水信息形成水文地质环境遥感解译成果(表 6-24)。

表 6-24 地表水遥感地质特征

水文要素		遥感解译标志
自然水系	常年性河流	水系明显,呈黑色,条带状
	季节性河流	明显水流作用地貌,呈灰白色带状影像
人工水系	水库	黑色,一般有明显人工筑坝痕迹,水渠一般较规则
	人工水渠	
井点		多分布于居民点周边,多分布于河谷一级阶地
泉点		位于一级冲沟源头或明显的断层带上
地下水溢出带		片状,影像色调发黑,主要位于大河下游两侧及盆地边缘及冲洪积扇侧、前缘
地下水浅埋区		呈片状,影像上反映色调较深,主要位于大河下游、河谷地带、盆地中心部位,比地下水溢出带位置更靠下

(三)调查监测数据分析

1. 额尔古纳河恩和—七卡段重点区水文地质调查

基本查明了区内地表水分布现状与动态变化,查清了基岩裂隙水、松散岩类孔隙水和碎屑岩类裂隙水空间分布范围与面积、形成的地质环境,初步进行富水等级划分,编制了1∶5万地表水分布与和动态变化图及水文地质环境遥感解译图(图6-40)。

重点区水文地质遥感解译采用 ZY-3 和 SPOT-5 影像为主要遥感信息源,结合区域地质调查资料等多源信息建立解译标志,解译出区内含水岩组类型有松散岩类孔隙水、碎屑岩类裂隙水、岩浆岩类裂隙水、变质岩类裂隙水 4 类(图6-39);地下水化学类型有淡水和咸水两类;地下水埋藏类型主要为潜水及地表水。

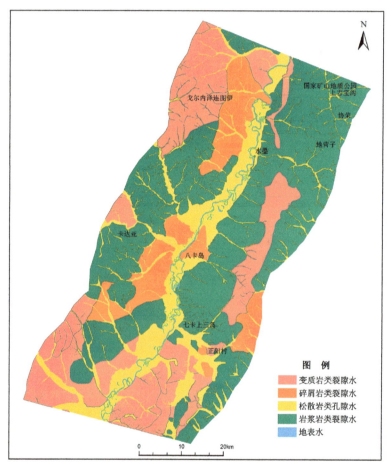

图 6-40 额尔古纳河流域恩和—七卡段重点区水文地质遥感解译图

1)地表水

重点区内地表水总面积约 32.19km²。地表水以额尔古纳河为主,支流少且细,地表水资源较为缺乏。

2)地下水

重点区内地下水含水岩组类型主要有 4 类,变质岩类、松散岩类、碎屑岩类、岩浆岩类。其中松散岩类孔隙水面积 772.68km²,占区内面积的 19.00%;碎屑岩类裂隙水 428.41km²,占区内总面积的 11.00%；变质岩类裂隙水面积为 1 030.86km²，占区内总面积的 26.00%；岩浆岩类裂隙水面积 1 768.92km²，占区内总面积的 44.00%。

(1) 松散岩类孔隙水：该含水岩组主要分布于额尔古纳河的两侧及沟谷地带，面积约 772.68km²，占区内总面积的 19%。主要岩性为全新统和上更新统砂砾石层、砾石、细砂、亚砂土等。

(2) 碎屑岩类裂隙水：该含水岩组大面积分布于八卡村西侧和正阳村东一带，面积约 428.41km²，占区内总面积的 11%。主要岩性为侏罗系灰绿色、灰黑色中基性火山熔岩和火山碎屑岩夹碎屑岩。

(3) 岩浆岩类裂隙水：该含水岩组在区内大面积分布，主要在额尔古纳河右岸的正阳村以北地区以及额尔古纳河左岸的卡达亚以北地区，面积约 1 768.92km²，占区内总面积的 44%。主要岩性为二叠纪花岗岩和奥陶纪的花岗闪长岩。

(4) 变质岩类裂隙水：该含水岩组主要分布于区内的中北部大部分地区。面积约为 1 030.81km²，占区内总面积的 26%。主要岩性为大理岩、变质粉砂岩、千枚状板岩、云母片岩。

2. 额尔古纳河满洲里—黑山头镇段重点区水文地质调查

基本查明了区内地表水分布现状与动态变化，查清了孔隙水、裂隙水、岩溶水的分布范围与面积、形成的地质环境，编制了 1∶5 万地表水分布与动态变化图、水文地质遥感解译图。

重点区水文地质遥感解译采用 ZY-3 和 SPOT-5 影像为主要遥感信息源，结合区域地质调查资料等多源信息建立解译标志，解译出区内含水岩组类型有松散岩类孔隙水、碎屑岩类裂隙水、岩浆岩类裂隙水、变质岩类裂隙水和碳酸盐岩类岩溶水；地下水化学类型主要为淡水；地下水埋藏类型主要为地表水、地下水及岩溶水。

1) 地表水

重点区内地表水总面积约为 166.60km²。地表水以额尔古纳河、根河、得尔布尔河和哈乌尔河为主，支流较多，地表水资源较为丰富（图 6-41）。

图 6-41　地表水遥感影像图

2)地下水

重点区内地下水含水岩组类型主要有3类,孔隙水、裂隙水、岩溶水。其中孔隙水面积为3 501.04km²,占区内总面积的44.44%;裂隙水面积为3 942.47km²,占区内总面积的50.05%;岩溶水面积为433.99km²,占区内总面积的5.51%(图6-42)。

(1)孔隙水。松散岩类孔隙水:该含水岩组主要分布于额尔古纳河、根河、得尔布干河和哈乌尔河的两侧及沟谷地带,面积约为3 501.04km²,占全区总面积的44.44%。主要为全新统和上更新统砂砾石层、砾石、细砂、亚砂土、亚黏土等。

(2)裂隙水。碎屑岩类裂隙水:该含水岩组大面积分布于额尔古纳河右岸的三十三号湿地,额尔古纳河左岸的杜罗伊和及普里额尔古纳斯克一带,面积约914.06km²,占全区总面积的11.60%。主要岩性为砂岩、粉砂岩、砂质粉砂岩、长石杂砂岩、细砂岩和硅质砂岩。

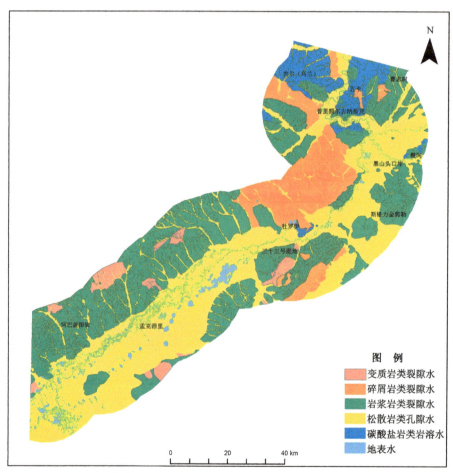

图6-42 额尔古纳河满洲里—黑山头镇段重点区水文地质遥感解译图

岩浆岩类裂隙水:该含水岩组在重点区内大面积分布,额尔古纳河右岸地区主要分布于三十三号湿地、八大关村、斯格力金郭勒、黑山头镇南、五卡、红旗村和曹志树,额尔古纳河左岸地区主要分布于普里额尔古纳斯克、旧楚鲁海图伊南、杜罗伊和阿巴盖图依一带,面积约为2 832.55km²,占全区总面积的35.96%。主要岩性为粗粒花岗岩、细粒花岗岩、花岗片麻岩、石英闪长片麻岩、混合岩、黑云母二长花岗岩、凝灰岩、安山岩、火山碎屑岩、花岗岩、花岗闪长岩、火山凝灰岩、流纹斑岩、英安岩和粗面岩。

变质岩类裂隙水：该含水岩组在重点区内分布面积最小，主要分布于重点区的中部和南部地区，额尔古纳河右岸地区主要分布于三十三号湿南、孟克西里南，额尔古纳河左岸地区主要分布于阿巴盖图依北一带，面积约为 195.86km^2，占全区总面积的 2.49%。主要岩性为斜长角闪岩、绢云母石英片岩和蚀变安山岩。

3）岩溶水

碳酸盐岩类岩溶水：该含水岩组主要分布于区内北部地区，额尔古纳河右岸主要分布于黑山头镇、五卡、张松年点，额尔古纳河左岸主要分布于吉尔（乌兰）、杜罗伊一带，面积约为 433.99km^2，占全区总面积的 5.51%。主要岩性为白云岩、灰岩、生物碎屑灰岩和泥灰岩。

四、地形地貌遥感调查

（一）调查内容及要求

利用遥感数据开展地形地貌解译，调查地形地貌的成因、物质类型、地貌形态及分布，计算坡度、高差、坡向、地势起伏度、地面破碎程度和地形割裂程度，形成专题成果图件。

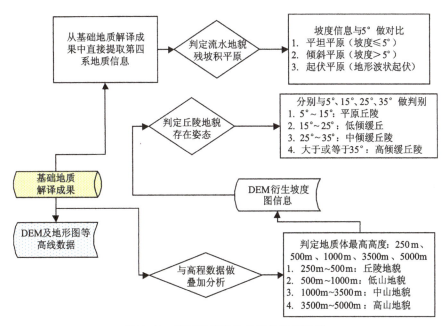

图 6-43　基础地质转化地形地貌流程图

(1)成因类型：构造地貌（Ⅰ）、火山地貌（Ⅱ）、流水地貌（Ⅲ）、湖泊地貌（Ⅳ）、海滨地貌（Ⅴ）、风成地貌（Ⅵ）、冰川地貌（Ⅶ）7类。

(2)成因形态：褶皱侵蚀山地、断（坳）陷平原、断隆台地、新近纪火山岩地貌、河谷地貌、残坡积平原、水蚀地貌、渠道、湖沼湿地、湖滨阶地、海滨平原、海滨台地、滩涂地貌、风积平原、风蚀地貌、侵蚀、堆积17类。

(二)调查方法及技术路线

首先我们以影像单元为单元,区分地层和第四系地貌,针对第四系,可直接目视解译区分平原、阶地、残坡积等。然后再以基础地质遥感解译成果为参考。

对地层单元进行详细划分,区分沉积岩建造、岩浆岩建造、变质岩建造。最后再同 DEM 数据进行叠加分析,以 250m、500m、1000m、3500m、5000m 为分界点进行判别分析。250～500m 为丘陵地貌;500～1000m 为低山地貌;1000～3500m 为中山地貌;3500～5000m 为高山地貌(图 6-44)。

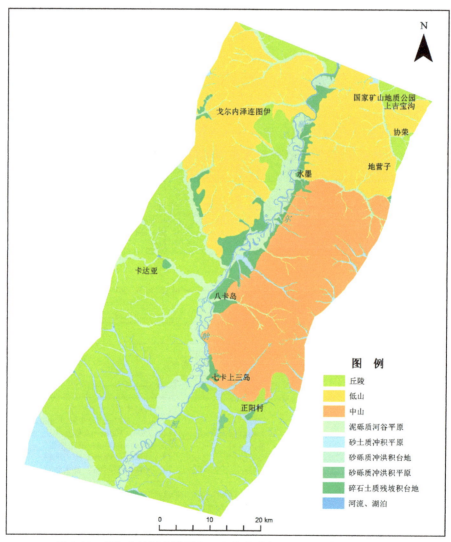

图 6-44 额尔古纳河流域恩和—七卡段重点区地形地貌遥感解译图

(三)调查监测数据分析

重点区位于内蒙古高原东缘,地处大兴安岭北段的西坡。区内地形东高西低,中部南高北低,由东北部的大兴安岭山地过渡到呼伦贝尔高原。最高峰位于阿拉齐山,海拔 1421m,最低点位于恩和哈达河口,海拔312m,平均海拔650m。这一地势特征使区内河流顺应其地形趋势,由东部和中部向北、西、南三面分流。重点区内的现代地形地貌,主要是在海西运动期形成的,燕山运动中又得到了加强,挽近期的新构造运动也有一定表现。山地和平原两种地貌单元,主要呈相互穿插状交替出现,山地和平原是区内地貌主体,沟谷和河谷呈枝状、网状散布其间。

(四)额尔古纳河恩和—七卡段地形地貌调查

重点区地貌总面积约4 032.33km², 区内地貌按成因类型主要划分为构造地貌和流水地貌两种类型。其中构造地貌面积约为3 423.23km², 占全区地貌总面积的84.89%, 流水地貌面积约609.10km², 占全区地貌总面积的15.11%(图6-44, 表6-25)。

表6-25 额尔古纳河流域恩和—七卡段重点区各类型地貌单元统计表

序号	成因类型	成因形态	物质形态	面积/km²	百分比/%
1	构造地貌	断(坳)陷平原	砂砾质冲洪积平原	5.12	84.89
			砂土质冲积平原	143.43	
				73.29	
		断隆台地	砂砾质冲洪积台地	9.48	
		褶皱侵蚀山地	低山	921.44	
			丘陵	693.24	
				806.67	
			中山	770.56	
2	流水地貌	残坡积堆积地貌	碎石土质残坡积台地	136.54	15.11
		河谷地貌	泥砾质河谷平原	472.56	
总计				4 032.33	

1. 构造地貌

构造地貌在区内大面积分布。按照成因形态划分为断(坳)陷平原、断隆台地、褶皱侵蚀山地3种类型。其中断(坳)陷平原区内分布面积约221.84km², 占该构造地貌面积的6.48%, 断隆台地区内分布面积9.48km², 占该构造地貌面积的0.28%, 褶皱侵蚀山地区内分布面积约3 191.91km², 占该构造地貌面积的93.24%。

1)断(坳)陷平原

断(坳)陷平原在区内分布面积较小,总面积约221.84km²。主要分布于区内的中南部地区。海拔高度小于600m,坡度在5°~15°之间。根据物质形态对断(坳)陷平原地貌进一步进行了划分。共划分出砂砾质冲洪积平原和砂土质冲积平原两种类型。其中砂砾质冲洪积平原分布面积约 5.12km², 占断(坳)陷平原地貌区面积的 2.31%; 砂土质冲积平原分布面积约为 216.72km², 占断(坳)陷平原地貌区面积的 97.69%。

在遥感影像上, 相对高差较小, 整体比较平缓, 影像色调差异较小, 影纹光滑平整。

2) 断隆台地

断隆台地在区内分布面积最少, 总面积约 9.48km²。主要分布于区内的中南部地区。海拔小于 700m, 坡度在 5°～15°之间。根据物质形态进一步划分出砂砾质冲洪积台地。

在遥感影像上, 相对高度较小, 山脊较为平缓, 坡度较小, 阳坡和阴坡在色调上无明显差异。

3) 褶皱侵蚀山地

褶皱侵蚀山地在区内分布面积较多, 总面积约为 3 191.91km², 主要分布于区内中北部的七卡上三岛、八卡岛、水墨、戈尔内泽连图伊等大部分地区。海拔在 500～1000m 之间, 坡度在 15°～25°之间。根据物质形态进一步划分出丘陵、低山和中山 3 种地貌类型。其中丘陵地貌分布面积约为 1 499.91km², 占褶皱侵蚀山地地貌区面积的 46.99%。低山地貌分布面积约为 921.44km², 占褶皱侵蚀山地地貌区面积的 28.87%。中山地貌分布面积约为 770.56km², 占褶皱侵蚀山地地貌区面积的 24.14%。

在遥感影像上, 整体影像色调的差异不大, 山地的相对高差不大, 色调上表现为阳坡色调浅, 背阳坡色调深。

2. 流水地貌

流水地貌在区内分布面积较小。按照成因形态划分为残坡积堆积地貌和河谷地貌两种成因形态类型。其残坡积堆积地貌区分布面积约为 136.54km², 占该流水地貌面积的 22.42%; 河谷地貌区内分布面积约为 472.56km², 占该流水地貌面积的 77.58%。

1) 残坡积堆积地貌

残坡积堆积地貌在区内分布面积较小, 总面积约 136.54km²。主要分布于区内额尔古纳河道中北部地区。海拔高度小于 500m, 坡度在 5°～15°之间。根据物质形态进一步划分出碎石土质残坡积台地。

在遥感影像上, 色调变化较小, 水系密集发育, 地貌平缓。

2) 河谷地貌

河谷地貌在区内分布面积较大, 总面积约 472.56km²。主要分布于区内的额尔古纳河两侧及区内的沟谷地区。海拔高度小于 500m, 坡度在 5°～15°之间。根据物质形态进一步划分出泥砾质河谷平原。

在影像上, 地形起伏较大, 整体坡度较为倾缓, 影纹和色调差别较小。

(五) 额尔古纳河满洲里—黑山头镇段地形地貌调查

重点区地貌总面积约 8 000.00km², 区内地貌按成因类型主要划分为构造地貌、湖泊地貌、流水地貌和风成地貌 4 种类型。其中构造地貌面积约 6 104.41km², 占全区地貌单元总面积的 76.31%; 流水地貌面积约 1 104.83km², 占全区总面积的 13.81%; 湖泊地貌面积约 764.57km², 占全区总面积的 9.56%; 风成地貌面积约 26.19km², 占全区总面积的 0.33%。(表 6-26, 图 6-45)。

表 6-26 重点区地貌类型遥感调查统计表

序号	成因类型	成因形态	物质形态	面积/km²	百分比/%
1	构造地貌	褶皱侵蚀山地	中山	288.78	76.31
			低山	2 051.69	
			丘陵	1 812.09	
		断陷平原	砂土质湖积平原	11.77	
			砂石质冰水堆积平原	0.50	
			砂土质冲积平原	1 408.78	
			砂砾质冲洪积平原	454.09	
		断隆台地	基岩剥蚀台地	76.71	
2	湖泊地貌	湖积平原地貌	泥砂质湖积平原	764.57	9.56
3	流水地貌	残坡积堆积地貌	碎石土质残坡积台地	748.72	13.81
		河谷地貌	泥砂砾质谷坡阶地	55.44	
			泥砾质倾斜台地	5.57	
			泥砾质河谷平原	295.10	
4	风成地貌	风积平原地貌	沙地	3.43	0.33
		风蚀地貌	砾漠（戈壁）	22.76	
总计				8 000.00	

在重点区内，构造地貌在重点区内分布最为广泛。其中，构造地貌主要为低山和丘陵，其次为砂土质冲积平原；流水地貌主要为河谷地貌，分布在重点区河流的两侧；湖泊地貌主要为泥砂质湖积平原。本次工作在重点区额尔古纳河旁边解译了几条狭长的风成地貌。

1. 构造地貌

在重点区内，总共解译构造地貌面积 6 104.41km²，占整个区地貌单元总面积的 76.31%。根据构造地貌不同的成因形态又划分为褶皱侵蚀山地、断陷平原、断隆台地。褶皱侵蚀山地主要分布在区内的中部地区，面积 4 152.56km²，占构造地貌面积的 68.03%；断陷平原主要分布在额尔古纳河两侧，面积 1 875.14km²，占构造地貌面积的 30.72%；断隆台地面积 76.71km²，占构造地貌面积的 1.26%。

1）褶皱侵蚀山地

在构造地貌中，褶皱侵蚀山地为区内主要地貌成因形态，总面积约 4 152.56km²，其中以低山和丘陵地貌为主。从解译结果来看，重点区内山地的海拔大多在 1000m 以下，小部分中山地貌分布在重点区中部的西北侧，且中山地貌距离额尔古纳河道较远，为冲积、冲洪积平原的形成提供了物质来源。

在遥感影像上，整体影像色调的差异不大，山地的相对高差不大，在阳光照射下，向阳坡色调较浅，背阳坡色调较深（图 6-46）。

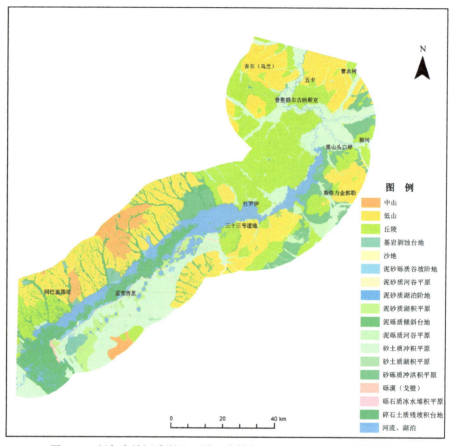

图 6-45　额尔古纳河满洲里—黑山头镇段重点区地形地貌遥感解译图

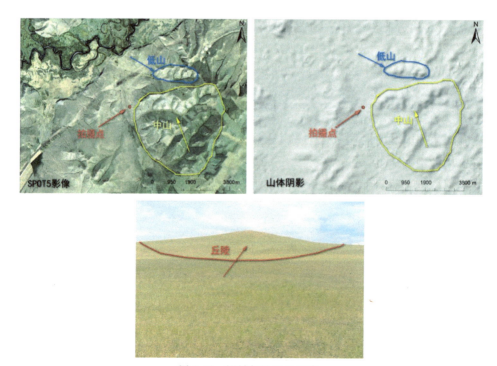

图 6-46　褶皱侵蚀山地形态

第六章 流域重点区基础地质遥感调查

2)断陷平原

断陷平原为构造地貌中的一种地貌成因形态,总面积约为 1 875.14km²,断陷平原主要分布于区内西南侧的额尔古纳河右岸地区,且形态基本沿着河流发育。在断陷平原的分布区域,无海拔较高的中山。

在遥感影像中,相对高差较小,整体比较平缓,影像色调差异不大,纹理光滑平整。

3)断隆台地

断隆台地主要是指相对高度在 30~70m 且倾斜角度较小的平坦平原,其主要分布在区内的西南侧,总面积约 76.71km²,常常分布于中、低山的外缘处。

在遥感影像上相对高度较小,山顶较为平缓,坡度较小,阳坡和阴坡的色调无明显差异。

2. 湖泊地貌

重点区内的湖积平原地貌整体分布较为分散,成因形态为湖积平原地貌,主要分布于额尔古纳河左岸地区,其面积大约 764.57km²,微地貌形态主要为泥砂质湖积平原。

在遥感影像上,湖积平原地貌的地势平坦开阔,地形起伏变化小,相对高差较小,湖泊地貌轮廓显著(图 6-47、图 6-48)。

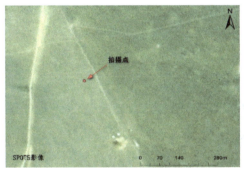

图 6-47 砂土质湖积平原

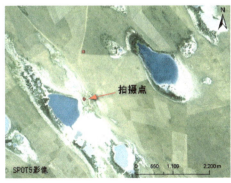

图 6-48 泥砂质湖积平原

3. 流水地貌

流水地貌在区内主要沿额尔古纳河分布,且额尔古纳河的大致走向为南西-北东走向,主要分布于区内西南侧的额尔古纳河左岸部分以及东北侧的部分地区。由于海拔相对较高且地形起伏大,本区流水地貌特征较为明显,区内流水地貌的主要成因形态为残坡积堆积地貌和河谷地貌。

在区内共解译出流水地貌面积1 104.83km²,占整个重点区地貌单元总面积的13.81%。根据流水地貌不同的成因形态又划分为残坡积堆积地貌、河谷地貌。其中,残坡积堆积地貌面积748.72km²,占流水地貌面积的67.77%;河谷地貌面积356.11km²,占流水地貌面积的32.23%。

1)残坡积堆积地貌

残坡积堆积地貌主要分布在额尔古纳河西南侧部分地区,其主要物质形态表现为碎石土质残坡积台地,形成原因是中低山的沟谷发育,坡积物逐渐在冲沟内堆积形成该地貌类型。

在遥感影像上色调变化不明显,冲沟发育明显(图6-49)。

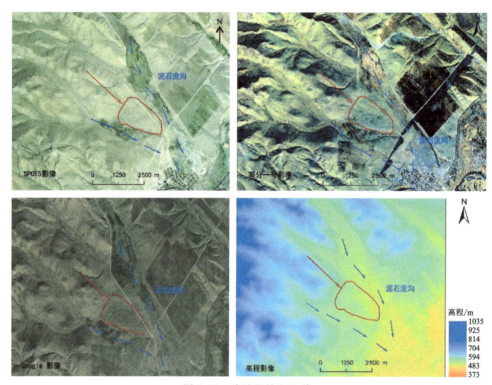

图6-49 残坡积堆积地貌

2)河谷地貌

河谷地貌是河谷形态及河谷内各种地貌类型的总称。在重点区内,该地貌单元主要分布于中低山的沟谷之间。

从影像上可以看出,河谷地貌的地形起伏具有渐进性,整体坡度较为倾缓,影像色调无明显差异(图6-50)。

4. 风成地貌

在重点区内,解译出了风成地貌,其主要分布在额尔古纳河地带,呈条带状分布。

在遥感影像上,风成地貌呈条带状,走向主要为南西-北东,与额尔古纳河的走向大致相同,影像色调主要为浅黄色,与整体影像差异明显(图6-51)。

第六章 流域重点区基础地质遥感调查

图 6-50 河谷地貌

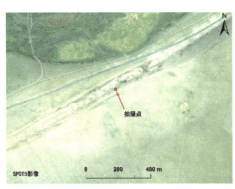 

图 6-51 风成地貌

在重点区内,总共解译出风成地貌 26.19km²,占整个重点区地貌单元总面积的 0.33%。根据风成地貌不同的成因形态可划分为:风积平原地貌、风蚀地貌。其中风积平原地貌面积 3.43km²,占风成地貌面积的 13.10%;风蚀地貌面积 22.76km²,占风成地貌面积的 86.90%。

五、土地覆被遥感调查与监测

(一)调查监测内容及要求

1. 开展土地利用现状调查

首先是开展土地利用现状遥感调查,以 2016 年遥感影像为基准,解译到二级土地覆被类型。利用遥感数据开展 2005 年度和 2016 年度两期土地覆被解译。同时对湿地专题因子进行解译(表 6-27、表 6-28)。

表 6-27 土地覆被类型表

一级类型	二级类型	
耕地	11	水田
	12	旱田

续表 6-27

一级类型	二级类型	
林地	21	有林地
	22	灌木林
	23	其他林地
草地	31	高覆盖度草地
	32	中覆盖度草地
	33	低覆盖度草地
水域	41	河渠
	42	湖泊
	43	水库坑塘
城乡、工矿、居民用地	51	城镇用地
	52	工矿用地
未利用土地	61	沙地
	62	戈壁
	63	盐碱地
	64	沼泽地
	65	裸土岩
	66	裸岩石砾地
	67	其他

表 6-28 湿地分类表

分类代号	描述	亚类代号	名称
I	近海及海岸湿地（低潮时水深6m以浅的海域及其沿岸海水侵蚀地带）	I_1	浅海水域
		I_2	潮下水生层
		I_3	珊瑚礁
		I_4	岩石性海岸
		I_5	潮间沙石海滩
		I_6	潮间淤泥海滩
		I_7	潮间盐水沼泽
		I_8	红树林沼泽
		I_9	潟湖
		I_{10}	河口水域
		I_{11}	三角洲湿地

续表 6-28

分类代号	描述	亚类代号	名称
Ⅱ	河流湿地（平均宽度≥10m，长度＞5km的四级以上支流）	Ⅱ$_1$	永久性河流
		Ⅱ$_2$	间歇性河流
		Ⅱ$_3$	泛洪平原湿地
Ⅲ	湖泊湿地	Ⅲ$_1$	永久性淡水湖
		Ⅲ$_2$	季节性淡水湖
		Ⅲ$_3$	永久性咸水湖
		Ⅲ$_4$	季节性咸水湖
		Ⅲ$_5$	水库
Ⅳ	沼泽和沼泽化草甸湿地	Ⅳ$_1$	藓类沼泽
		Ⅳ$_2$	草本沼泽
		Ⅳ$_3$	高山和冻原湿地
		Ⅳ$_4$	灌丛沼泽
		Ⅳ$_5$	森林沼泽
		Ⅳ$_6$	内陆盐沼
		Ⅳ$_7$	地热湿地

以 2005 年和 2016 年遥感数据做土地利用动态监测信息提取。

2. 遥感解译精度要求

资源环境专题因子解译要求：面状图斑面积大于或等于 2.5mm^2，线性地物图斑长度大于或等于 1cm；水系宽度大于 0.5mm 的用面表示，小于 0.5mm 的用单线表示。不同资源环境因子可根据图像的可解译程度做相应调整。

（二）调查监测方法及技术路线

通过影像单元和各种地物标志建立，根据肉眼对经过特定处理后的遥感图像进行判别，进而进行地物类别区分和归并并编图。通常与人机交互解译法和计算机自动分类法交叉使用，互为补充。

相关分析法：应用相关专业知识和与目标物有关的信息，从遥感图像上寻找、推断与提取目标物信息。如利用与湿地类型有密切关系的间接解译标志，从已识别的间接解译标志推断出湿地类型的属性位置及分布范围。

湿地遥感信息提取方法：考虑全国范围内湿地景观差异性显著，利用计算机分类需要大量的算法研究，而且难以保证湿地提取精度，因此本次湿地提取工作以图像人工目视解译为主。对水体可以采用自动提取，然后进行人工修正的方法。调查范围覆盖符合湿地定义的我国领土范围内的各类湿地资源，包括面积为 2.5mm^2（含）以上的近海与海岸湿地、湖泊湿地、沼泽湿地、人工湿地以及宽度 10m 以上，长度 500m 以上的河流湿地。工作平台以 ENVI5.1 和 ArcMap10.2 为主。为保证解译几何精度，解译时屏幕比例尺介于 1：5000～1：3000 之间。

边界清楚时,可以适当减小比例尺;反之,则放大比例尺进行屏幕解译。面状要素解译最小单元 500m²(>125 个象元)。对于不确定因素,及时记录并存档,以用于后续交流和检查。

1)滨海湿地

滩涂部分为沿海大潮高潮位与低潮位之间的潮浸地带。

(1)珊瑚礁:珊瑚礁的提取只针对出露于海面以上的上升礁,它是地壳上升或海面下降的产物,礁上没有活珊瑚生长,一般分布于热带海域,我国的上升礁主要分布于台湾、海南岛及南中国海礁群岛一带。从遥感影像上看,在迎风面水域的珊瑚礁体上有破波现象所形成的纹理特征。尽管珊瑚礁本身表面性质、形态与出露水面程度差异造成遥感影像光谱的随机性较强,但其与周围海水有一定的反差。

珊瑚礁在黑白卫星影像上由海向陆通常分为四带:潮下的礁前坡,坡陡水深,呈深色调;潮间的礁坪,坡缓水浅,呈浅色调;潮上的珊瑚沙堤,高反射率,呈白色;礁后潟湖,呈深色调。

(2)岩石海岸:底部基质 75% 以上是岩石和砾石,少于 30% 的植被覆盖,包括岩石性沿海岛屿、海岩峭壁。主要分布于我国杭州湾以南及辽东和山东半岛的海岸线。岩石海岸有明显的起伏状态和岩石构造,近岸水深较大,在遥感影像上颜色较深,破波带呈亮白色,近岸礁石呈灰白色,分布散乱,且亮度不均,纹理粗糙。在侵蚀陡崖的基部,海岸呈陡坎状,形状曲折,岩石表面颜色存在明显差异。

(3)沙石海滩:潮间植被覆盖度小于 30% 的疏松海滩。主要分布于除辽东、山东半岛的杭州湾以北海滩。沙石海滩的干燥滩面光谱反射率较高,在影像上表现为亮白的较亮区域,滩脊痕迹线处堆积有植物碎屑、杂物等,亮度较低,海水的光谱反射率较低,含水量较高的沙滩光谱反射率也较低,在影像上表现略暗。

(4)淤泥质海滩:位于低潮线(不含)以上与高潮线以下(含高潮线)之间,由淤泥质组成的植被覆盖度小于 30% 的淤泥质海滩。在长期接受河流大量细粒沉积物的海岸带,主要由潮流堆积而成的粉砂淤泥质海滩。淤泥质海滩向陆一侧一般植被生长茂盛,呈绿色或暗绿色,向海一侧植被较为稀疏,呈浅绿色或没有植被,裸露潮滩上多有树枝状潮沟发育。大潮上水淹没潮滩,致使淹没范围内高潮线处植被极其稀疏。根据滩面地形、土壤湿度和植被特征,可用可见光和近红外遥感影像来区别。

(5)潮间盐水沼泽:低潮线(不含)以上与高潮线以下(含高潮线)之间,潮间地带形成的植被覆盖度不小于 30% 的潮间沼泽,包括盐碱沼泽、盐水草地和海滩盐沼。分布于河口系统四周及沿海滩涂。

(6)红树林:以红树植物为主组成的潮间沼泽。在宽广的淤泥质潮间浅滩上,灌乔木的红树繁殖成林。涨潮时,红树的下部干茎被海水淹没,仅带叶的树冠露出海面。落潮时,可以看到整个群落外貌。红树的特殊生态特征使遥感技术可以把它们同一般绿色植物区别开来。

(7)三角洲/沙洲/沙岛:河口系统四周冲积的泥/沙滩,沙洲、沙岛(包括水下部分,但低潮时能露出)植被覆盖度小于 30%。河口海陆交互作用的地区,当径流作用强于潮水作用时,径流带来的泥沙在河口大量沉积所形成的冲积平原、洲、岛等,如我国的黄河三角洲,其性质和动态可在遥感影像上综合分析平原部分的轮廓、分流河道系统、盐碱地位置、农田和居民点的分布,以及河口的水下地形和泥沙流状况后获得。

(8)海岸性湖泊:包括海岸性微咸水、咸水或盐水湖及淡水湖泊。一般咸水湖地处海滨区域,有一个或多个狭窄水道与海相通,主要沿海及岛屿零星分布。淡水湖是潟湖与海隔离后演化而成的湖泊,分布于我国东南部沿海地区。根据湖泊的演化历史和技术标准界定。

2)河流湿地

河流湿地按监测期内的多年平均最高水位所淹没的区域进行边界界定。

河床至河流在监测期内的年平均最高水位所淹没的区域为洪泛平原湿地,包括河滩、河心洲、河谷、季节性泛滥的草地以及保持了常年或季节性被水浸润的内陆三角洲。如果洪泛平原湿地中的沼泽湿地面积不小于 $8hm^2$,需单独列出其沼泽湿地类型,统计为沼泽湿地。如果沼泽湿地区小于 $8hm^2$,则统计到洪泛平原湿地中。

干旱区的断流河段全部统计到河流湿地。干旱区以外常年断流的河段连续 10 年或以上断流,则断流部分河段不计算其湿地面积,否则为季节性和间歇性河流湿地。

(1)永久性河流:常年有河水径流的河流,仅包括河床部分。广泛分布于全国各地。采用的影像上有明显的河道和水流痕迹,呈蓝色、深蓝色水体特征。

(2)季节性或间歇性河流:洪水期有水,枯水期无水。干旱地区的全部断流河段包括在内。主要分布于我国西北部地区。遥感影像上呈现间断性蓝色水流、具有明显的河床地貌特征。

(3)洪泛平原湿地:河水泛滥淹没河流两岸的地势平坦地区。在丰水季节由(河床至河流多年平均最高水位所淹没的)洪水泛滥的河滩、河心洲、河谷、季节性泛滥的草地以及保持了常年或季节性被水淹没的内陆三角洲所组成。主要分布于水系发达的平原地区,如黄河、长江、珠江沿岸地区。在遥感影像上呈细水道、间断性绿色植被和裸沙地特征。

3)湖泊(水库)湿地

如湖泊周围有堤坝,则将堤坝范围内的水域、洲滩等统计为湖泊湿地。

如湖泊周围无堤坝,则将湖泊在监测期内的多年平均最高水位所覆盖的范围统计为湖泊湿地。

如湖泊内水深不超过 2m 且植物区面积不小于 $8hm^2$,则需单独将其统计为沼泽湿地,并列出其沼泽湿地类型;如湖泊周围的沼泽湿地面积不小于 $8hm^2$,则需单独列出其沼泽湿地类型;如沼泽湿地小于 $8hm^2$,则统计到湖泊湿地中。

(1)永久性淡水湖:常年积水的淡水湖。主要分布于黄河、长江中下游地区。遥感影像上呈蓝色、深蓝色水体特征。

(2)永久性咸水湖:常年积水的咸水湖,包含永久性内陆盐湖[即由含盐量很高的卤水(矿化度 50g/L)组成的永久性湖泊]。主要分布于青藏高原、新疆等地。在遥感影像上呈蓝色、深蓝色水体特征。部分湖泊在沿湖周围出现一圈白边,参考地形图等相关资料,结合多期遥感数据对比以及野外验证,可判别永久性咸水湖。

(3)季节性淡水湖:由淡水组成的季节性或间歇性淡水湖(泛滥平原湖)。遥感影像上呈浅蓝色、蓝色水体,水位线随季节而变化。

(4)季节性咸水湖:由微咸水/咸水/盐水组成的季节性或间歇性湖泊。遥感影像上呈蓝色水体特征。主要分布于青藏高原、新疆等地。

4)沼泽湿地

沼泽湿地是一种特殊的自然综合体,凡同时具有以下 3 个特征的均统计为沼泽湿地:受淡水或咸水、盐水的影响,地表经常过湿或有薄层积水;生长有沼生和部分湿生、水生或盐生植物;有泥炭累积,或虽无泥炭累积,但土壤层中具有明显的潜育层。

在野外对沼泽湿地进行边界界定时,首先根据其湿地植物的分布初步确定其边界,即某一区域的优势种和特有种是湿地植物时,可初步认定其为沼泽湿地的边界;然后根据水分条件和土壤条件确定沼泽湿地的最终边界。

在监测中,将不全具有沼泽湿地 3 个特征的沼泽化草甸、地热湿地、淡水泉或绿洲湿地都归并为沼泽湿地。

(1) 草本沼泽:包含藓类沼泽(即只在高寒区域有分布,发育在有机土壤的、具有泥炭层的以苔藓植物为优势群落的沼泽)和灌丛沼泽(以灌丛植物为优势群落的淡水沼泽),在潮湿或过潮湿的负地形生长草本植物群落的沼泽。水分特别多时,也可以发育在分水岭地带和森林区北部或森林苔草带,以高株、矮株湿生植物为优势群落,如苔属和禾本科植物。它们都是多年生,大多有根状茎,有时构成很大草丛,如苔属、香蒲、羊胡子草、芦苇等。很多植物都有为克服腐殖酸引起的生理性干旱而生长的旱生结构。有的在根中还发育有储气腔,以适应沼泽土中乏氧环境。草本沼泽土呈酸性,pH 值 4~6。

(2) 森林沼泽:发育在缓坡、坳谷林下和采伐或火烧后迹地中的沼泽。由于地势高、气温低、湿度大,有的地方存在冻层,影响地表水下渗,特别是林下生长着泥炭藓类,由于它们大量繁殖及其特殊的生态结构(含水量可达 2000%),大树病腐、幼树死亡,种子不易扎根,幼苗难以出土,因而促进林地沼泽化。森林沼泽主要分布于大、小兴安岭,长白山地、西南山地等。例如,大、小兴安岭地区发育有落叶松藓类沼泽;长白山地发育有落叶松泥炭藓沼泽;滇西峡谷、横断山山地中也有零星分布。由于受纬度带影响,森林沼泽分布高度各异。如长白山地大都在 800m 以上;大、小兴安岭则在 1200m 以上。此外,热带雨林区也有森林沼泽分布,通常有一些平卧的棕榈科植物,具有板状根和呼吸根,起支撑作用和适应多水环境。森林沼泽主要根据地理位置、地势和积水状况所显示的遥感信息进行判断。

(3) 内陆盐沼:受盐水影响,生长盐生植被的沼泽。以 Na_2CO_3 为主的盐土,含盐量应大于 0.7%;以氯化物和硫酸盐为主的盐土,含盐量应分别大于 1.0%、1.2%。

(4) 季节性咸水沼泽:受微咸水或咸水影响,只在部分季节维持浸湿或潮湿状况的沼泽。

(5) 沼泽化草甸:草甸演变成沼泽的过程。由于地势低洼、潜水位高,土壤水分常处于饱和状态,造成嫌气环境,微生物活动减弱,引起植物群落的改变,喜湿的、密丛型莎草科、禾本科沼泽植物侵入。在冷湿气候条件下,植物残体分解很慢,积累后形成泥炭,从而更加促使地表过湿,草甸演变成沼泽。多发生在河漫滩、阶地、湖滨、沟谷、台地以及分水岭地区。

(6) 地热湿地:以地热矿泉水补给为主的沼泽。主要分布于藏滇、台湾、东南沿海、胶辽、汾渭、南北 6 个热矿水带。

(7) 淡水泉/绿洲湿地:由露头地下泉水补给为主的沼泽。

5) 人工湿地

人工湿地包括面积不小于 $8hm^2$ 的库塘、运河、输水河、水产养殖场、稻田/冬水田和盐田等。

(1) 坑塘:为蓄水、农业灌溉、农村生活为主要目的而建造的蓄水区,包含污水处理厂和以水净化功能为主的湿地。从遥感影像上来看,呈蓝色水体纹理,边界较清晰。主要分布于我国南部和东部地区。

(2) 水库:为蓄水、发电等而建造的面积不小于 $8hm^2$ 的蓄水区。全国各地都有分布,尤其是南部、东部地区。

(3) 沟渠:以灌溉为主要目的而建造的沟、渠,包含为输水或水运而建造的人工河流湿地。从遥感影像上来看,一般较平直,宽度均匀,有人工修筑河道痕迹,部分有护堤。主要分布于长江以南地区。

(4) 水产养殖场:以水产养殖为主要目的而修建的人工湿地。包括养殖用的鱼池、虾池和沿岸高位养殖场所。养殖场一般规则分布在自然湖区、河流湿地周边、沿海区域,区划时与农用库塘相区别。沿岸高位养殖区划时与近海和海岸湿地相区别。从遥感影像上来看,呈蓝色水体特征,形状较规则,边界清晰,内部常呈网状纹理。水产养殖场主要分布于华中、华南、华东地区。

(5)稻田/冬水田：能种植一季、两季、三季的水稻田或者是冬季蓄水或浸湿的农田。遥感影像呈规则块状，色调一般较周边地块深。主要分布于长江以南地区。

(6)盐田：为获取盐业资源而修建的晒盐场所或盐池，包括盐池、盐水泉。区划时，与近海、海岸湿地相区别。遥感影像上常呈白色色调，形状较规则。主要分布于山东、青海、西北等地区。

(7)季节性洪泛农业用地：在丰水季节依靠泛滥能保持浸湿状态进行耕作的农地，如集中管理或放牧的湿草场或牧场。

(8)采矿挖掘区与塌陷积水区：由于开采矿产资源而形成矿坑、挖掘场所蓄水或塌陷积水后形成的湿地，包括砂/砖/土坑、采矿地。主要分布于全国各地的矿区。

(三)调查监测数据分析

根据相关遥感调查技术标准，土地覆被类型划分为 6 个一级类：耕地、林地、草地、水域、建设用地和未利用土地；11 个二级类：湖泊、旱田、有林地、高覆盖度草地、中覆盖度草地、低覆盖度草地、河渠、水库坑塘、城镇用地、工矿用地、沼泽地。

(四)额尔古纳河恩和—七卡段重点区土地覆被调查

依据 ZY-3 遥感影像对重点区土地利用现状进行遥感解译(图 6-52)，土地覆被总体是以林地和草地为主，其中草地面积 1 766.7 km²，占重点区面积的 43.80%；林地面积 1 019.09 km²，占重点区面积的 25.26%；耕地面积 887.82 km²，占重点区面积的 22.01%。

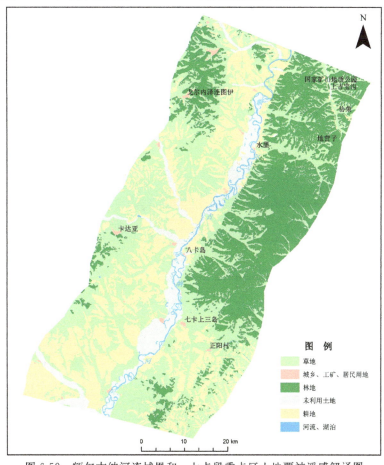

图 6-52 额尔古纳河流域恩和—七卡段重点区土地覆被遥感解译图

其次为未利用土地和水域,分别占重点区面积的 7.63% 和 0.85%,未利用土地主要分布在沟谷及河道两边,按照土地分类,均为沼泽地,类划分属未利用土地。区内基本没有工矿用地,极少数采矿用地均为采石场,主要为一般建筑用原材料。

将 2005 年度和 2016 年度土地覆被变化的数据表进行对比分析,主要的变化类型为水域和未利用土地。2005—2016 年间重点区内土地利用变化甚微,未利用土地和水域之间的转换主要发生在额尔古纳河沿岸。影像资料显示,2005 年度水量较小,属枯水期,沿河沼泽地面积较大,流水面明显较窄,而 2016 年河流水量较大,属丰水期。重点区内的农村居民点较少,人口较少,人为对土地覆被的自然属性干扰较少。所以该重点区内的土地覆被较为稳定。

(五) 额尔古纳河满洲里—黑山头镇段重点区土地覆被调查

依据 ZY-3 遥感影像对重点区土地利用现状进行遥感解译(图 6-62),土地覆被总体是以草地、耕地和未利用土地为主,其中草地面积 3 460.04km²,占重点区面积的 43.25%;耕地面积 1 699.63km²,占重点区面积的 21.25%;未利用土地面积 1 629.16km²,占重点区面积的 20.36%;林地面积 972.59km²,占重点区面积的 12.16%;水域面积 194.32km²,占重点区面积的 2.43%。(图 6-53,表 6-29)。

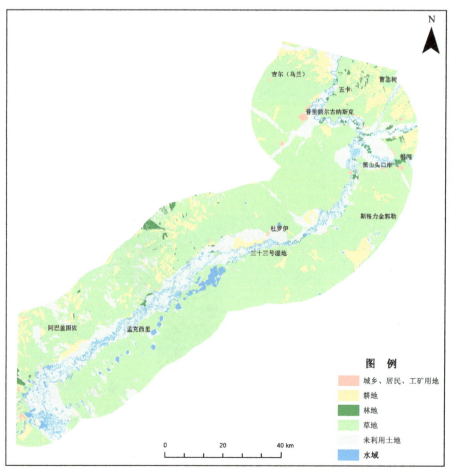

图 6-53 额尔古纳河满洲里—黑山头镇段重点区土地覆被遥感解译图

表 6-29 2016 年度额尔古纳河满洲里—黑山头镇段重点区土地覆盖类型遥感调查统计表

序号	一级类型		二级类型	
	类型	面积/km²	类型	面积/km²
1	草地	3 460.04	低覆盖度草地	354.01
			高覆盖度草地	1 348.12
			中覆盖度草地	1 757.91
2	耕地	1 699.63	旱田	1 698.87
			水田	0.76
3	城乡、工矿、居民用地	44.16	工矿用地	6.25
			城镇用地	34.74
			交通用地	3.17
4	林地	972.59	灌木林	22.59
			有林地	949.95
			其他林地	0.05
5	水域	194.32	河渠	42.29
			湖泊	149.82
			水库坑塘	2.21
6	未利用土地	1 629.16	裸土岩	104.64
			裸岩石砾地	129.92
			沙地	35.35
			盐碱地	129.33
			沼泽地	1 180.26
			其他	49.66

六、地质灾害遥感调查

(一)调查监测内容及要求

利用最新遥感数据开展地质灾害调查,编制成果图件。主要调查崩塌、滑坡、泥石流的成因、规模(表 6-30)及对工程稳定性和工程设施的影响。开展岩溶区和风沙区调查。

表 6-30　滑坡、泥石流、崩塌规模级别划分标准

级别	滑坡/$\times 10^4 m^3$	泥石流/$\times 10^4 m^3$	崩塌/$\times 10^4 m^3$
巨型	>100	>50	>1
大型	10～100	20～50	0.5～1
中型	1～10	0.625～20	0.1～0.5
小型	<1	<0.625	<0.1

1. 崩塌区主要调查内容

(1)崩塌区地形地貌及崩塌类型、规模、范围、崩塌体的大小和崩落方向。

(2)崩塌区岩体基本质量等级、岩性特征和风化程度。

(3)崩塌区地质构造、岩体结构类型,结构面的产状、组合关系、闭合程度、力学属性、延展及贯穿情况。

(4)气象(重点是大气降水)、水文、地震和地下水的活动。

(5)崩塌前的迹象和崩塌原因。

2. 滑坡区主要调查内容

(1)滑坡后缘断裂壁的形状、位置、高差及坡度。

(2)滑坡台地的形状、位置、高差、坡度及其形成次序。

(3)滑坡体隆起和洼地范围及形态特征。

(4)滑坡裂隙分布范围、密度、特征及其力学性质。

(5)滑坡舌前缘隆起、冲刷、滑塌与人工破坏状况。

(6)剪出口位置、距地面高度、滑坡面坡度及擦痕方向。

(7)滑体各部位(主轴线上)的稳定状态,如蠕动、挤压、初滑滑动、速滑、终止。

(8)滑体上冲沟发育部位、切割深度、切割地层岩性、沟槽横断面形状、泉水的形成、沟岸稳定状况。

(9)调查坡脚破坏的原因与破坏速度。

3. 泥石流区主要调查内容

(1)泥石流形成的滑坡、错落、崩塌、岩堆及流域面积内可能形成泥石流的固体物质储备量,溯源侵蚀状况。

(2)流通区沟谷特征,如沟谷的曲折、横断面类型、岸坡形状、纵坡角度、通过长度、冲淤规律、泥石流痕迹、残留厚度等。

(3)堆积区洪积扇的形状、大小,各部位地面坡度,较新泥石流沉积体互相叠覆状况,冲沟在洪积扇上的发育状况(如位置变迁、切割深度、横断面形状等)。

4. 岩溶区主要调查内容

(1)查明可溶岩的岩性、分布范围、第四系地层岩性、成因类型、沉积厚度、结构特征。

(2)溶洞的分布位置、规模。

(3)岩层产状、地质构造类型、新构造的特征、断裂和褶皱轴的位置、构造破碎带的宽度、可溶岩与非可溶岩的接触界线、岩体的节理裂隙发育程度。

(4)地下水类型、埋藏条件、补给、径流和排泄条件,地下水露头位置和标高、涌水量大小。地下水与地表水的水力联系,地表水的消水位置。

(5)不良地质现象的成因类型、规模、稳定情况和发展趋势。

5. 风沙区主要调查内容

(1)风蚀谷、风蚀洼地、风蚀残丘等地貌形态特征及分布范围。

(2)各形态类型的沙丘、沙堆、风沙流及沙埋等平面形状及间距大小。

(3)各形态类型沙丘及季节性沙堆横截面各部位的数据,包括沙丘的高度、宽度、堆积带落沙坡度;

(4)搬运交换带的宽度、坡度;吹蚀带的高度、宽度、坡度;中立带的宽度。

(二)调查监测方法及技术路线

1. 地质灾害遥感信息提取方法

地质灾害遥感解译方法包括在已建立的遥感解译标志基础上,通过人机交互与目视解译,利用空间分析的手段,通过叠置地形地貌、地质构造、工程地质岩组等地质环境背景数据,分析识别各类地质灾害,获取地质灾害信息。

2. 泥石流识别及信息提取

泥石流在遥感图像上呈明显的不规则条带状、蝌蚪状、瓢状等,其前端多呈舌状,在喇叭状沟谷出口处呈扇状和锥状,颜色和影纹与周围植被较发育处或基岩处不同。发育完整的泥石流往往有形成区、流通区和堆积区。形成区岩石破碎、物源丰富,在遥感图像上冲沟发育,植被不发育,第四系松散堆积物出露较多;流通区往往有陡边坡,形成新鲜的碎屑流;而堆积区往往为沟谷下游出口处,地形突然变得平缓,形成堆积扇,堆积物往往有较强的浮雕般凸起感,表面有流水形成的网状细沟等。遥感图像上多见陡而平直的浅沟和坡脚蝌蚪状堆积物。有时堆积物串珠状排列于坡脚,形成泥石流群。

泥石流的色调与所在基岩区和风化堆积物的色调关系密切,故在影像上与基岩或风化物色调近乎一致,但二者在饱和度和亮度上差异较大,因而也极易将泥石流识别出来。具体表现为:新生泥石流体或沟谷上段水源的泥石流体,因其内部水分充足,往往色调的饱和度较背景色深,亮度较低,干涸的泥石流体则与之相反。在植被发育的地区,二者色调反差很大,也更容易从影像上判读出来。泥石流内部的色调多不均一,有时呈紊乱的色调;泥石流的影像花纹多呈斑状、斑点状,花纹结构较粗糙(图6-54)。

3. 崩塌识别及信息提取

崩塌发生时无依附面,是突然发生、运动快速。发生崩塌现象的地段,其纵断面形态常呈现上陡下缓,而且起止点位移矢量垂直方向要比水平方向大得多。崩塌区一般位于陡坡前缘或断崖峭壁,覆盖度极差。顺河谷方向或河流两侧的陡崖下呈串珠或倒石锥分布,并成群出现。

崩塌发生后,有两个最基本的地形特征——崩塌壁和崩塌堆积。在遥感影像上,这两个特征一般都有明显的反映,崩塌发生后,岩体与母体脱离,使岩体的新鲜表面裸露,崩塌后壁通常表现为强反射的浅色,崩塌堆积表现为松散的堆积状。

崩塌的影像特征则与岩性有关,即在硬质岩层中表现为参差不齐,斜坡地貌上陡崖呈条带

图 6-54 泥石流遥感影像

（左图为坡面型泥石流、右图为沟谷型泥石流）

状,而平面呈锯齿状,其下方有杂乱的松散堆积,结构粗糙,呈斑点状,一般植被较外围稀少,个别粗大的崩积物甚至没有植被生长。在软质岩层中发生崩塌,影像上多呈散落状,不甚明显,影纹结构较平滑细腻,呈浅色调,可明显看出由陡壁向倒石堆斜坡的地貌突变特征。

4. 滑坡识别及信息提取

在遥感图像上识别滑坡时通常是先整体、后局部,即首先识别滑坡整体形态,再分析辨认各滑坡地形要素。遥感图像上,滑坡整体常表现为圈椅、双沟同源、椭圆、长条、矩形、不规则多边形等显示滑坡特殊地貌的平面形态。

在遥感图像上,可通过对典型滑坡的基本要素、滑坡标志的判译以及叠加 DEM 来识别滑坡,但是自然界的滑坡大多是不典型的,不同地区,不同岩类、构造,不同斜坡结构,不同发育阶段,形成多种形态的滑坡。它们常常不具备(或者在遥感图像上难以识别)那么齐全的滑坡地形要素,而是只有其中的一部分。就遥感图像解译而言,由于不能直接见到滑坡的地下部分,只有滑坡体、滑坡后壁和滑坡边界三项地形要素,故称其为遥感滑坡的滑坡基本地形要素。

遥感影像特征与滑坡类型密切相关,具体表现为土质类滑坡多呈一系列不规则形态,纵向粗糙影纹。滑体和残留体一般分布在河流两侧的陡坡处。基岩类滑坡则多形成青灰色或浅亮色"箕"状坡谷,形成特殊色调的孤立残留堆积体。在滑床上有一系列纵向粗糙影纹显示。有的在滑壁后缘可见明显的阴影线,沿滑壁上端分布,是滑壁后缘的拉裂缝。由于大多数滑坡在其发生、发展、稳定或复活的过程中,具有明显的变形和形态特征,因而可进一步识别出滑坡边界、滑坡体、滑坡舌(图 6-55)。

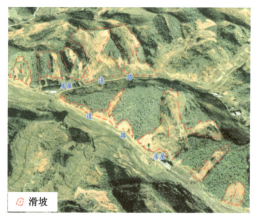

图 6-55 滑坡遥感影像

土质类滑坡边界一般表现为圆滑的上凸弧形、马蹄形、倒梨形。后壁圆滑,侧壁为直线或大曲率弧形;基岩类滑坡边界不甚圆滑,后壁呈直线或折线形,滑坡体往往处于较稳定的自然斜坡凸低的负地形中,其后壁与滑坡体的交接处多形成洼地,中部则有多级垂直滑动方向的台坎。由于滑坡体相对低洼而含水,因此多呈深色调。

(三)调查监测数据分析

1. 额尔古纳河恩和—七卡段重点区地质灾害调查

本重点区内地形较为平缓,人类活动对区内的自然环境干扰较少,根据影像显示及野外调查验证,在区内没有发现崩塌、滑坡、泥石流等地质灾害及隐患。

2. 额尔古纳河满洲里—黑山头镇段重点区地质灾害调查

利用 2016 年 GF-1 遥感数据调查崩塌、滑坡、泥石流、风沙区的成因、规模,并分析其对工程稳定性和工程设施的影响。

重点区内共解译出各类地质灾害点 69 个,其中崩塌 49 处,无滑坡,风沙区 11 处,泥石流 9 处(表 6-31)。额尔古纳河右岸一侧崩塌点多于左岸一侧(图 6-56),泥石流区均在左岸,风沙区均在右岸(图 6-57)。由于重点区崩塌发育在松散的河流堆积层的平原区,雨季河水水面升高,流速加大,土质疏松,侧蚀强烈,所以右岸河岸崩塌比较连续、集中。重点区河岸崩塌不仅导致额尔古纳河主河道不稳定,更重要的是破坏河岸,威胁护岸工程。

表 6-31 额尔古纳河满洲里—黑山头镇段重点区地质灾害统计表

区域	地质灾害点/个					
	崩塌	滑坡	泥石流	风沙区	泥石流	总计
额尔古纳河右岸	49	0	0	11	0	60
额尔古纳河左岸	0	0	0	0	9	9
总计	49	0	0	11	9	69

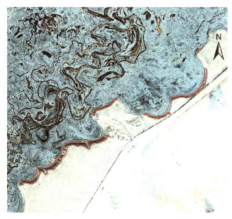

图 6-56 崩塌 GF-1 影像及 SPOT-5 影像

图 6-57　风沙区 GF-1 影像及 SPOT-5 影像

七、矿产资源遥感调查

（一）调查监测内容及要求

利用已知资料，按照类型、矿种、规模，结合卫星遥感数据对矿产资源进行普查、分析和解译，查明矿产类型、规模、开发状况、开发程度等。

1. 矿产资源遥感调查内容及标准

（1）能源矿产类型：划分为石油、天然气、煤 3 类。

（2）金属矿产类型：划分为黑色金属、有色金属、贵重金属、稀有金属、分散元素 5 类。

（3）非金属矿产类型：划分为光学原料、化工原料、盐类矿产、矿物肥料、陶瓷原料、硅酸盐类、研磨材料、铸石原料、膨胀原料、工艺美术原料、天然建筑石材、冶金辅助原料、其他用途原料 13 类（特别说明：重点解译天然建筑石材，确定材质，如花岗岩、大理岩、砂岩、板岩等）。

（4）矿种：若矿产类型为金属矿产类型或非金属矿产类型，需在此处注明矿种类型。

（5）矿床规模：划分为特大型、大型、中型、小型 4 种规模。

（6）开发状况：分为已开采和未开采两种。

（7）开发程度：开发程度采用百分制。

（8）占用地类：耕地、林地、草地、水域、建设用地、未利用土地 6 类。

（9）诱发环境类型：荒漠化、环境污染、其他 3 类。

解译精度：资源环境专题因子解译要求：面状图斑面积不小于 $2.5 mm^2$。

（二）调查监测方法及技术路线

信息提取采用 ArcGIS 10 平台，依据建立的矿山开发占地遥感影像标志，人机交互提取矿产资源开发占地信息。

主要解译矿产资源开采方式为露天开采，矿山开发占地主要包括露天采场、工业场地（矿山建筑、选矿厂、矿石堆）、固体废弃物（废石堆、尾矿库）。

以 2016 年度遥感数据为基准,解译重点区内矿产资源开发状况,先进行室内解译,后进行野外验证,在野外验证阶段完成开采矿产资源的种类、规模、诱发环境类型等属性调查。按照技术标准要求完成数据填报。

(三)调查监测数据分析

1. 额尔古纳河恩和—七卡段矿产资源遥感调查

调查区内共解译矿产资源小型采场 23 处,都为非金属矿产,全部为沿边防公路修路时就地取材的露天微小型采石场(图 6-58、图 6-59),为建筑材料。

本区非金属矿产资源开发为花岗闪长岩、变质石英砂石,用途都为天然建筑石材。开采状况都为已经开采,占用地类型为草地,占地面积 $0.39 km^2$,诱发环境类型主要为环境污染。ZY-3 遥感影像特征(图 6-60、图 6-61)。

图 6-58 变质石英砂岩采石场野外照片

图 6-59 花岗闪长岩采石场野外照片

图 6-60 花岗岩采石场 ZY-3 影像

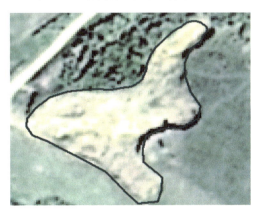

图 6-61 板岩采石场 ZY-3 影像

2. 额尔古纳河满洲里—黑山头镇矿产资源遥感调查

2016 年遥感解译重点区内各类矿山共计 73 个,占地类型为草地和林地,占地面积 $4.15 km^2$。其中非金属矿产 66 个,60 个为小型采石场,6 个为中型采石场,非金属矿产类型都为建筑材料。有色金属矿床 7 个:铜矿床 4 个,铁矿床 3 个,都为小型矿山。开采状况均为已开采,诱发环境类型主要为环境污染(图 6-62、图 6-63)。

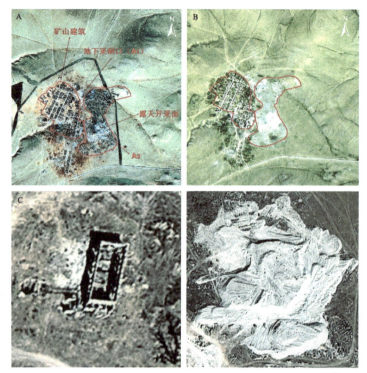

图 6-62 重点区额尔古纳河左岸采石场遥感影像
A. GF-1 影像；B. SPOT-5 影像；C、D. 分别为地下采硐口和露天开采面的 Google 影像

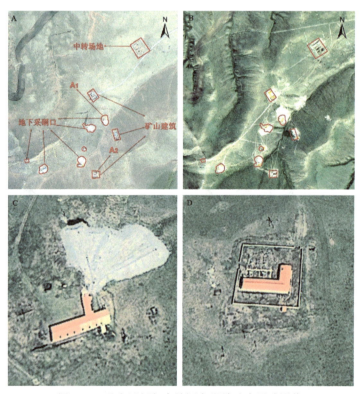

图 6-63 重点区额尔古纳河右岸铁矿床遥感影像
A. GF-1 影像；B. SPOT-5 影像；C、D. 分别为地下采硐口和矿山建筑的 Google 影像

八、额尔古纳河分布现状与动态变化遥感调查

(一)调查监测内容及要求

(1)利用20世纪60年代、2005年度和2016年度卫星遥感数据,进行20世纪60年代至2005年和2005—2016年1:5万岸线变迁解译。解译内容包括额尔古纳河河道、河漫滩、岛屿、塌岸、护岸工程、险工险段等信息。调查的属性包括变迁位置、变化类型等。

(2)查明额尔古纳河两侧岸线变迁状况、塌岸地质灾害分布及其演变状况、沿岸护岸工程设施分布状况,预测塌岸地质灾害的发展趋势,提出塌岸地质灾害的防治措施,绘制1:5万比例尺的塌岸地质灾害与护岸工程设施分布专题成果图件。

(3)根据岸线走向、长度、线性断裂构造发育状况、地层岩性组成、河岸塌岸与侵蚀等遥感解译信息,结合已有的地球物理、地震等资料,从工程地质角度进行河岸稳定性分析,分析额尔古纳河岸线变迁对水工建筑、陆地建筑物和工程设施的影响,提出防治措施。

(4)调查属性分为以下4类。

变迁情况:划分为无变化、扩大、缩小、新生、消失5类。

威胁对象:堤坝、道路、房屋、桥梁、基站、农田、果园、军事设施等。

影响程度:划分为无、微弱、一般、稍强、强烈5类。

护岸类型:划分为抛石护岸、砌石护岸、混凝土护岸3类。

(二)调查监测方法及技术路线

护岸工程,险工险段等要素类直接从遥感影像上解译完成。

解译额尔古纳河变迁,首先将20世纪70年代、2005年度、2016年度3期遥感影像做精确配准,针对3期遥感影像分别做额尔古纳河解译,利用解译成果做矢量差值运算即可得到侵蚀、淤积变化信息。

(三)调查监测数据分析

1. 额尔古纳河恩和—七卡段额尔古纳河变迁调查

获取了额尔古纳河恩和—七卡段3期遥感数据,对额尔古纳河岸线、洲岛的淤积变迁做了动态监测调查,基本查明动态变化规律,为额尔古纳河地区国土开发提供数据支持。

根据20世纪70年代侦察卫星数据与2005年度SPOT-5数据进行额尔古纳河分布现状与动态变化的监测结果显示,额尔古纳河两岸均有不同程度的淤积和侵蚀现象。

监测结果显示(表6-32至表6-34),20世纪70年代至2005年,额尔古纳河左岸一侧的侵蚀岸线面积为0.56 km^2,淤积面积为4.24 km^2,其中岸线淤积面积3.88 km^2;洲岛淤积面积为0.36 km^2,新淤积形成洲岛3个(图6-64、图6-65)。额尔古纳河右岸侵蚀岸线面积为1.54 km^2,淤积面积为6.21 km^2,其中岸线淤积面积为5.16 km^2,洲岛淤积面积为1.05 km^2,新淤积形成洲岛7个。

表 6-32 20 世纪 70 年代至 2005 年额尔古纳河流域恩和—七卡段重点区额尔古纳河变迁统计表

	侵蚀面积/km²		淤积面积/km²	
额尔古纳河右岸	洲岛	岸线	洲岛	岸线
	0	1.54	1.05	5.16
额尔古纳河左岸	洲岛	岸线	洲岛	岸线
	0	0.56	0.36	3.88

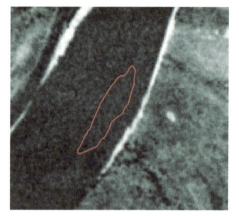

图 6-64 20 世纪 70 年代侦查卫星数据

图 6-65 2005 年度 SPOT-5 卫星数据

2005—2016 年,额尔古纳河右岸的侵蚀面积为 4.74km²,其中岸线侵蚀面积 4.05km²,洲岛侵蚀面积 0.69km²,侵蚀造成 7 个洲岛消失(图 6-66、图 6-67),14 个洲岛面积缩小(图 6-68、图 6-69)。淤积面积 0.02km²,其中岸线淤积面积 0.01km²,洲岛淤积面积 0.01km²。额尔古纳河左岸淤积主要为岸线淤积,淤积面积达到 0.23km²,侵蚀面积为 0.43km²,其中洲岛侵蚀面积 0.06km²,岸线侵蚀面积 0.37km²(图 6-70、图 6-71)。

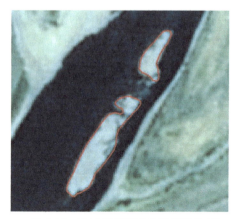

图 6-66 2005 年 SPOT-5 遥感影像(1)

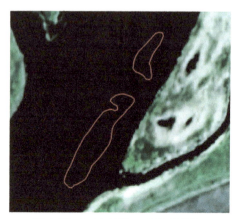

图 6-67 2016 年度 02C 遥感影像(1)

图 6-68　2005 年 SPOT-5 遥感影像（2）

图 6-69　2016 年度 02C 遥感影像（2）

图 6-70　2005 年 SPOT-5 遥感影像（3）

图 6-71　2016 年度 02C 遥感影像（3）

2. 额尔古纳河满洲里—黑山头镇段额尔古纳河变迁调查

20 世纪 70 年代至 2005 年间，额尔古纳河两岸均有不同程度的淤积和侵蚀现象（表 6-35、表 6-36）。重点区内岸线侵蚀面积共计 5.80km²，洲岛侵蚀面积共计 0.09km²。其中额尔古纳河右岸一侧岸线侵蚀面积 1.81km²，洲岛侵蚀面积 0.09km²；额尔古纳河左岸一侧岸线侵蚀面积 3.99km²，洲岛无侵蚀。重点区内岸线淤积面积共计 14.51km²，洲岛淤积面积共计 0.52km²。其中额尔古纳河右岸一侧岸线淤积面积 8.48km²，洲岛淤积面积 0.38km²；额尔古纳河左岸一侧岸线淤积面积 6.03km²，洲岛淤积面积 0.14km²。因此，自 20 世纪 70 年代至 2005 年，额尔古纳河右岸面积呈现增大趋势。

2005—2016 年间，重点区内岸线侵蚀面积共计 2.03km²，洲岛侵蚀面积共计 0.09km²。其中额尔古纳河右岸一侧岸线侵蚀面积 1.12km²，洲岛侵蚀面积 0.05km²；额尔古纳河左岸一侧侵蚀面积 0.91km²，洲岛侵蚀面积 0.04km²。重点区内淤积面积共计 3.56km²，洲岛淤积面积共计 0.08km²，其中额尔古纳河右岸一侧淤积面积 1.98km²，洲岛淤积面积 0.04km²；额尔古纳河左岸一侧侵蚀面积 1.58km²，洲岛淤积面积 0.04km²。因此，在这一阶段，额尔古纳河右岸面积仍然处于增大状态。

表 6-33 额尔古纳河恩和—七卡段重点区侵蚀面积遥感监测统计表

重点区位置	监测年代	岸线长度/km	岸线					洲岛					合计				
			图斑数/个	面积/km²	年侵蚀率/(km²·a⁻¹)	单位侵蚀率/(km²·km⁻¹)	侵蚀密度/(个·km⁻¹)	图斑数/个	面积/km²	年侵蚀率/(km²·a⁻¹)	单位侵蚀率/(km²·km⁻¹)	侵蚀密度/(个·km⁻¹)	图斑数/个	面积/km²	年侵蚀率/(km²·a⁻¹)	单位侵蚀率/(km²·km⁻¹)	侵蚀密度/(个·km⁻¹)
额尔古纳河右岸	20世纪70年代至2005年	141	46	0.560	0.014	0.004	0.326	0	0	0	0	0	46	0.56	0.014	0.004	0.326
额尔古纳河右岸	2005—2016年	141	77	4.049	0.578	0.029	0.546	20	0.690	0.099	0.005	0.142	97	4.739	0.677	0.034	0.688
额尔古纳河左岸	1965—2005年	141	113	1.540	0.039	0.011	0.801	0	0	0	0	0	113	1.540	0.039	0.011	0.801
额尔古纳河左岸	2005—2016年	141	99	0.369	0.053	0.003	0.702	28	0.059	0.008	0.001	0.199	127	0.428	0.092	0.004	0.901

表 6-34 额尔古纳河恩和—七卡段重点区淤积面积遥感监测统计表

重点区位置	监测年代	岸线长度/km	岸线					洲岛					合计				
			图斑数/个	面积/km²	年淤积率/(km²·a⁻¹)	单位淤积率/(km²·km⁻¹)	淤积密度/(个·km⁻¹)	图斑数/个	面积/km²	年淤积率/(km²·a⁻¹)	单位淤积率/(km²·km⁻¹)	淤积密度/(个·km⁻¹)	图斑数/个	面积/km²	年淤积率/(km²·a⁻¹)	单位淤积率/(km²·km⁻¹)	淤积密度/(个·km⁻¹)
额尔古纳河右岸	20世纪70年代至2005年	141	57	3.880	0.097	0.278	0.404	7	0.360	0.009	0.003	0.050	64	4.240	0.106	0.281	0.454
额尔古纳河右岸	2005—2016年	141	15	0.010	0.001	0.001	0.404	2	0.001	0.001	0.001	0.014	17	0.011	0.002	0.002	0.418
额尔古纳河左岸	1965—2005年	141	138	5.160	0.129	0.037	0.979	27	1.050	0.026	0.007	0.191	165	6.210	0.155	0.044	1.170
额尔古纳河左岸	2005—2016年	141	36	0.233	0.033	0.002	0.255	0	0	0	0	0	36	0.233	0.033	0.002	0.255

表 6-35 额尔古纳河满洲里—黑山头镇段重点区 20 世纪 70 年代至 2005 年额尔古纳河两侧侵蚀情况统计表

重点区位置	类型			
	岸线侵蚀	洲岛侵蚀	淤积岸线	淤积洲岛
额尔古纳河右岸/km²	1.81	0.09	8.48	0.38
额尔古纳河左岸/km²	3.99	0.00	6.03	0.14
总计/km²	5.80	0.09	14.51	0.52

表 6-36 额尔古纳河满洲里—黑山头镇段重点区 2005—2016 年额尔古纳河两侧侵蚀情况统计表

重点区位置	类型			
	岸线侵蚀	洲岛侵蚀	淤积岸线	淤积洲岛
额尔古纳河右岸/km²	1.12	0.05	1.98	0.04
额尔古纳河左岸/km²	0.91	0.04	1.58	0.04
总计/km²	2.03	0.09	3.56	0.08

第七章 结 论

本次工作利用20世纪70年代MSS数据、2000年ETM＋数据、2016年LandSat8数据，开展了工作区成土母质、地形地貌、土壤类型、林地、草地、湿地、荒漠化和人类活动等生态地质环境因子的遥感调查与监测工作，取得了如下成果。

(1)调查区内成土母质一级类5类，二级类21类，分别为冲积类、风积类、冲洪积类、湖积类、湖沼沉积类、复合成因类、化学沉积类、砂岩类、砾岩类、碳酸盐岩类、酸性侵入岩类、中性侵入岩类、基性侵入岩类、超基性侵入岩类、酸性火山熔岩类、中性火山熔岩类、基性火山熔岩类、火山碎屑岩类、低级变质岩类、中级变质岩类、高级变质岩类。区内分布面积最多的为中性火山熔岩类、酸性侵入岩类、松散堆积物复合成因类、基性火山熔岩类、松散堆积物冲积类、酸性火山熔岩类、松散堆积物湖沼沉积类、砾岩类、火山碎屑岩类、松散堆积物风积类、砂岩类和中级变质岩类。

中性火山熔岩类成土母质分布面积最广，合计约32 130.46 km^2，占全区面积的21.34%，主要岩石类型包括安山岩、安山玢岩、流纹岩、细碧岩和角斑岩；酸性侵入岩类次之，主要岩石类型为花岗岩、花岗斑岩、二长花岗岩和混合花岗岩；松散堆积物复合成因类成土母质分布面积居第三位，主要岩石类型为砾石和沙土。

(2)调查区按地貌成因类型划分为构造地貌、火山地貌、流水地貌和风成地貌4种成因类型，作为一级地貌单元，按成因形态进一步分为褶断侵蚀高原、褶断侵蚀山地、断(坳)陷堆积平原、熔岩台地、河谷地貌和风积平原6个二级地貌单元，然后按物质形态细划为砂砾质冲洪积平原、侵(冰)蚀基岩质中山、盐碱质湖积平原、玄武岩台地、泥砂质河谷平原(河床、边滩、心滩和新月状、垄岗状、波状沙地)等16个三级地貌单元。

区内地形东高西低，中部南高北低，由东北部的大兴安岭山地过渡到呼伦贝尔高原。大致以额尔古纳市与牙克石连线为界，其东北侧为侵蚀基岩质中山，西南侧为基岩质低山。黑山头镇与海拉尔区一线西南侧为褶断侵蚀高原。风积平原在本区发育，主要分布于呼伦贝尔沙地。

(3)调查区内土壤类型从淋溶土、半淋溶土、钙层土、初育土、半水成土、水成土到盐碱土均有分布。淋溶土主要分为暗棕壤和棕色针叶林土2种土类；半淋溶土主要分为灰色森林土土类；钙层土主要分为黑钙土和粟钙土2种土类；初育土主要分为粗骨土、风沙土和紫色土3种土类；半水成土主要分为草甸土土类；水成土主要分为沼泽土土类；盐碱土主要分为碱土和盐土2种土类，总共12种土类。

暗棕壤主要分布于区内中东部地区的侵蚀基岩质中山地貌区内，暗棕壤土亚类主要以暗棕壤土为主。棕色针叶林土主要分布于区内北部及中部地区的侵蚀基岩质中山地貌区内，棕色针叶林土亚类主要以表浅棕色针叶林土和棕色针叶林土为主。灰色森林土主要分布于区内中北部及东部地区的侵蚀基岩质中山、基岩质低山和基岩质褶断丘陵地貌区内，灰色森林土亚类以暗灰色森林土和灰色森林土为主。黑钙土主要分布于区内中部及中东部地区的砂砾质湖积平原、基岩质低山和基岩质褶断丘陵地貌区内,黑钙土亚类以草甸黑钙土、淡黑钙土、淋溶黑钙土、沙化黑钙土和石灰性黑钙土为主。粟钙土主要分布于区内南部地区的砂砾质湖积平原、泥砂质湖积平原、新月状、垄岗状、波状沙地和盐漠地貌区内,粟钙土亚类以暗粟钙土、草甸粟钙土、碱化粟钙土、粟钙土、粟钙土性土和盐化粟钙土为主。粗骨土零星分布于区内中部及南部地区的砂砾质湖积平原、泥砂质河谷平原(河床、边滩、心滩、低漫滩、牛轭湖)、基岩质低山和基岩质褶断丘陵地貌区内,粗骨土亚类以钙质粗骨土和中性粗骨土为主。风沙土主要分布于区内中部地区的砂砾质湖积平原、泥砂质河谷平原、砂砾质冲洪积平原和新月状、垄岗状、波状沙地地貌区内,风沙土亚类以草原风沙土为主。紫色土零星分布于区内东南角地区的玄武岩台地地貌区内。草甸土主要分布于区内中部和中南部地区的泥砂质河谷平原、砂砾质湖积平原和砂砾质冲洪积平原地貌区内,草甸土亚类以白浆化草甸土、草甸土、碱化草甸土、潜育草甸土、砂质草甸土、石灰性草甸土和盐化草甸土为主。沼泽土主要分布于区内中部和北部地区的泥砂质河谷平原、砂砾质湖积平原和砂砾质冲洪积平原地貌区内,沼泽土亚类以草甸沼泽土、腐泥沼泽土和泥炭沼泽土为主。碱土零星分布于区内西南角部地区的砂砾质湖积平原地貌区内,碱土亚类主要以草甸碱土和草原碱土为主。盐土零星分布于区内西南角部地区的砂砾质湖积平原地貌区内,碱土亚类以草甸碱土和草原碱土为主。

(4)2016年调查区林地分布总面积为 61 773.31 km²,占全区总面积的40%。乔木林地分布面积最广,面积为 60 489.06 km²,占林地总面积的98%,其次为灌木林地,分布面积为 873.85 km²,其他林地分布面积最少,面积为 610.4 km²。林地主要分布在额尔古纳市的北部、根河市、鄂伦春自治旗的东部和北部地区。

1975—2000年期间,林地资源总面积呈缩减趋势,缩减面积 15.87 km²;2000—2016年期间,区内林地资源总面积呈缩减趋势,缩减面积 10.07 km²。

(5)2016年调查区内草地分布总面积为 64 396 km²,占全区总面积的41.54%。区域内人工牧草地、天然牧草地和其他草地三类均有分布。其中,天然牧草地分布面积最广,分布面积为 60 875.03 km²,占草地总面积的94.53%;其次为其他草地,分布面积为 3 331.3 km²,占草地总面积的5.17%;人工牧草地分布面积最少,分布面积为 189.67 km²,占草地总面积的0.29%。草地主要分布于陈巴尔虎旗、新巴尔虎左旗、右旗、鄂温克旗4旗境内。

1975—2000年期间,调查区草地资源总面积减少了 954.53 km²。其中天然牧草地减少面积最大,减少面积 884 km²;人工牧草地面积减少 8.18 km²;其他草地面积减少 62.35 km²。2000—2016年期间,草地资源总面积整体减少了 209.94 km²。但是人工牧草地面积增加了 1.01 km²;天然牧草地面积减少了 192.14 km²;其他草地面积减少 18.81 km²。

(6)2016年流域内湿地分布总面积约 7 348.56 km²,约占流域总面积的4.74%。天然湿地分布面积约 7 315.17 km²,人工湿地分布面积约 33.39 km²。其中天然湿地二级类主要有河流湿地、湖泊湿地和沼泽湿地三种类型,主要以河流湿地和湖泊湿地分布面积为最大,面积分别约为 3 034.82 km² 和 2 510.01 km²,约占流域内湿地总面积的41.48%和34.31%;其次为沼泽湿地,面积约 1 770.34 km²,约占流域内湿地总面积的24.20%;人工湿地分布面积最少,面积约为 33.39 km²,约占流域内湿地总面积的0.45%。

流域内河流湿地发育有洪泛湿地、永久性河流和季节性河流3类三级类型。总体分布特征为集中分布在克鲁伦河、额尔古纳河、乌尔逊河、海拉尔河、莫尔格勒河、伊敏河、锡尼河、根河和得耳布尔河等主要河流现代河床附近。湖泊湿地发育有永久性淡水湖和季节性淡水湖2类。永久性淡水湖主要分布于区内的呼伦湖、海拉尔河和额尔古纳河交汇处、莫尔格勒河与海拉尔河交汇处附近及新巴尔虎左旗中部地区。季节性淡水湖主要分布于区内呼伦湖周围及呼伦湖上游的盐漠地貌区内。沼泽湿地主要以草本沼泽三级类型为主,主要分布于区内的辉河周围地区。人工湿地分布零散,分布面积最多的为水库。

1975—2000年期间,区内湿地总面积减少了5.42 km²,年均减少面积约为0.22 km²/a,但湖泊湿地面积增加了231.8 km²。2000—2016年期间,湿地总面积略减,减少了2.59 km²。但沼泽湿地与人工湿地面积分别增加了351.82 km²、28.13 km²。

(7)2016年全区共分布荒漠化土地6 712.84 km²,包括轻度沙质荒漠化土地3 182.02 km²、中度沙质荒漠化土地588.32 km²、重度沙质荒漠化土地1 628.33 km²;轻度盐碱质荒漠化土地196.69 km²、中度盐碱质荒漠化土地481.78 km²、重度盐碱质荒漠化土地637.70 km²。荒漠化土地主要分布于新巴尔虎左旗、新巴尔虎右旗、陈巴尔虎旗、鄂温克族自治旗。

1975—2000年期间,全区荒漠化土地总面积增加了517.56 km²。其中,沙质荒漠化土地面积增加了655.43 km²,盐碱质荒漠化土地面积减少了137.87 km²。在新巴尔虎左旗阿穆古朗镇及其以东、鄂温克自治旗伊敏河东岸沙质荒漠化加重。在陈巴尔虎旗西乌珠尔苏木以南、新巴尔虎左旗吉布胡郎图苏木以南荒漠化减轻。

2000—2016年,全区荒漠化土地面积共计减少了784.43 km²。其中,沙质荒漠化土地减少了911.49 km²。而盐碱质荒漠化土地面积增加了127.06 km²。荒漠化减轻区主要分布于新巴尔虎右旗克尔伦苏木南部、新巴尔虎左旗额尔古纳河东岸及陈巴尔虎旗呼和诺尔镇南部一带。在鄂温克族自治旗辉苏木以东等地分布有较大面积的荒漠化加重区;保持稳定的地区主要分布于呼伦贝尔沙地中部。

(8)2016年流域内人类活动占地总面积约5 448.48 km²,约占流域总面积的3.52%。流域内主要为住宅用地、交通用地、工矿用地、农业用地和公共服务用地5种类型。以农业用地占地面积最多,约为4 816.29 km²,约占流域内人类活动总面积的88.40%;其次为住宅用地,占地面积约为455.21 km²,约占流域内人类活动总面积的8.35%;工矿用地和公共服务用地最少,面积约为161.57 km²和15.41 km²,分别约占流域内人类活动土地总面积的2.91%和0.28%。

1975—2016年,人类活动占地面积呈现先增加后减少的变化趋势。其中,1975—2000年期间增加了5 566.71 km²,增加的类型主要为耕地,增加了5 325.56 km²;2000—2016年期间,总面积减少了775.59 km²,减少的土地利用类型主要也为耕地,减少了1 132.17 km²。

(9)采用大比例尺遥感调查手段查明了重点区内额尔古纳河两岸的基础地质分布特征、工程地质特征、地下水含水岩组、地貌特征、地表覆盖类型、额尔古纳河河道变迁、岛屿沙洲冲淤分布与变化情况、地质灾害和矿产开发状况。

重点区额尔古纳河两侧出露地层从老到新主要有青白口系佳疙瘩组斜长角闪片岩、震旦系额尔古纳河组大理岩和白云岩、寒武系纳达罗夫组碳酸盐岩、志留系卧度河组泥板岩、石炭系新依根河组砂岩和板岩、红水泉组灰岩、侏罗系满克头鄂博组凝灰岩、玛尼吐组安山岩、白音高老组砂岩、万宝组板岩、塔木兰沟组安山岩和火山碎屑岩、白垩系砂岩和粉砂岩、上更新统冲积砂砾石层、湖积黏土、风积细砂、粉砂,全新统冲洪积砂砾石、粗砂、黏土、湖积细粒粉砂、黏土、风积黏土、粉砂、沼积淤泥、腐殖土。侵入岩主要为中生代酸性花岗岩和中酸性花岗闪长

第七章 结 论

岩,晚古生代酸性花岗岩和元古宙酸性变质花岗片麻岩和中酸性花岗闪长岩。

重点区额尔古纳河两侧工程地质岩体主要有坚硬岩 A、坚硬岩 B、坚硬岩 C、较坚硬岩 A、较坚硬岩 B、较软岩 A、较软岩 B、软岩 A、极软岩 A、土体巨粒土、混合巨粒土、砾类土、砂类土、含粗粒的细粒土、细粒土共 15 个岩土体二级类。其中以巨粒类土、粗粒类土和较软岩最多,其次为较坚硬岩、细粒类土和坚硬岩,最少的为极软岩和软岩。

重点区额尔古纳河两侧地下水含水岩组主要有松散岩类孔隙水、碎屑岩类裂隙水、变质岩类裂隙水、岩浆岩类裂隙水、碳酸盐岩类岩溶水共 5 种含水岩组。其中岩浆岩类裂隙水和松散岩类孔隙水最多,其次为变质岩类裂隙水和碎屑岩类裂隙水,碳酸盐岩类岩溶水区内分布最少。

重点区额尔古纳河两侧地形地貌按照成因类型主要有构造地貌、湖泊地貌、流水地貌和风成地貌 4 种类型。按照成因形态主要有褶皱侵蚀山地、断陷平原、断隆山地、湖积平原地貌、残坡积堆积地貌、河谷地貌、风积平原地貌和风蚀地貌 8 种地貌类型。

重点区额尔古纳河两侧土地覆被类型主要有草地、林地、耕地、水域、城乡、工矿、居民用地和未利用土地 8 种类型。区内主要以草地、耕地和未利用土地及林地为主,水域和城乡、工矿、居民用地最少。

重点区额尔古纳河两侧地质灾害主要有崩塌、滑坡、泥石流、风沙区 4 种地质灾害类型。总共解译出地质灾害点 69 个,其中崩塌 49 处,无滑坡,风沙区 11 处,泥石流 9 处。

重点区额尔古纳河两侧矿产资源开发类型主要有金属矿产和非金属矿产两种类型。总共解译各类矿山出 96 个,其中非金属矿产 89 个,金属矿产 7 个,所占用土地类型为草地和林地。

20 世纪 70 年代至 2016 年间重点区额尔古纳河两岸均有不同程度的淤积和侵蚀。额尔古纳河两岸侵蚀总面积 15.31km^2,其中岸线侵蚀面积共计 14.39km^2,洲岛侵蚀面积共计 0.92km^2。额尔古纳河右岸一侧岸线侵蚀面积 7.53km^2,洲岛侵蚀面积 0.83km^2;额尔古纳河左岸一侧岸线侵蚀面积 6.41km^2,洲岛侵蚀面积 0.74km^2。额尔古纳河两岸淤积总面积 29.45km^2,其中岸线淤积面积 27.38km^2,洲岛淤积面积共计 2.07km^2。额尔古纳河右岸一侧岸线淤积面积 14.32km^2,洲岛淤积面积 0.84km^2;额尔古纳河左岸一侧岸线淤积面积 13.06km^2,洲岛淤积面积 1.23km^2。侵蚀造成 7 个洲岛消失,14 个洲岛面积缩小,淤积形成新洲岛 3 个。

(10)流域内引起生态地质环境因子变化的主导因素主要为自然因素、人为因素和政策因素。

自然因素主要受气温、降水量、相对湿度和温度 4 个方面的影响较大。其中年均气温 40 多年间总体呈明显波动性上升趋势,气温升高促使沙质荒漠化的发展和对流域内"林草湿"植被的正常生长起到了抑制作用。40 多年间降水量总体呈缓慢减少趋势,降水量的减少也是草地和湿地减少和导致沙质荒漠化发展的重要因素之一。40 多年间,相对湿度总体为逐步减小,相对湿度减小也是造成流域内草地面积减少和荒漠化变化的重要因素之一。40 多年间风速略有下降趋势,风速的下降表明了流域内气候趋于干燥,对沙质荒漠化的发展起到促进作用。

人为因素主要为人口、农业和畜牧业 3 个方面。其中 40 多年间人口呈持续增长,人口的增加使得"林草湿"面积减少,从而影响林草湿的空间布局,并对沙质荒漠化的发展产生了促进作用。农业占地面积 40 多年间总体呈持续增长趋势,农业占地面积增加,必然造成林草湿面积减少。畜牧业40多年间总体呈持续增长趋势,畜牧业数量的增加也是造成沙质荒漠化发展的重要因素之一。

政策因素主要分为两个时间段。一是1979—1997年推行的"定额包干""联产计酬"和牧场承包到户等政策,促使农牧业快速发展,这个时间段为"林草湿"生态环境带来了巨大的压力。二是2000年以后,国家、自治区和地方政府出台并制定了退耕还林(草)和湿地保护工程及草原管理条例等政策措施,使得流域内"林草湿"生态环境逐渐得到改善并为土地荒漠化的稳定及逆转奠定了基础。

主要参考文献

丁书萍,2012.呼伦贝尔森林-草原生态交错带气候变化特征研究[D].哈尔滨:东北农业大学.

顾润源,赵慧颖,李翀,等,2011.1960—2008年额尔古纳河流域气候变化特征[J].冰川冻土,33(6):1300-1315.

江丹丹,山来才,王辉,2021.湿地退化原因分析及修复方法概述[J].山东水利,9(3):86-87.

梅荣,2021.达赉湖自然保护区湿地变化特征分析[J].呼伦贝尔学院学报,29(4):78-92.

孟庆吉,许耘嘉,2021.近30年内蒙古黄旗海湿地时空动态变化分析[J].白城师范学院学报,35(5):72-83.

那日苏,2017.呼伦贝尔沙地土地沙漠化时空变化特征分析[D].呼和浩特:内蒙古师范大学.

苏日古嘎,苏根成,杨朝斌,2017.近25年呼伦贝尔地区草地变化时空分布特征分析[J].西部资源(水文地质、环境地质、工程地质)(1):73-76.

苏敏,2019.呼伦贝尔沙区土地沙化防治立地类型划分及对位防治措施研究[D].北京:北京林业大学.

孙国忠,李海清,刘国平,等,2006.额尔古纳湿地保护对策[J].内蒙古林业调查设计,29(5):5-7.

徐大伟,2019.呼伦贝尔草原区不同草地类型分布变化及分析[D].北京:中国农业科学院.

轩玮,李翀,赵慧颖,等,2011.额尔古纳河流域近50年水文气象要素分析[J].地质与资源,31(5):80-87.

朱幼军,郭志成,苏吉安,2007.呼伦贝尔天然林草植被退化及防治对策[J].内蒙古林业科技,33(3):42-45.

赵晶,2016.基于RS和GIS的额尔古纳湿地生态环境脆弱性评价[D].西安:西安交通大学.

张雪丹,2019.额尔古纳河流域农业面源污染现状分析及控制对策研究[D].哈尔滨:哈尔滨工业大学.

张志莉,2020.呼伦贝尔草原草地退化的影响因素的统计分析[J].内蒙古大学学报(自然科学版),51(6):608-614.